本书获得广西大学研究生教育内涵式发展
"十四五"教育质量倍增计划项目资助

科技与人文的交响

自然辩证法案例与分析

张 毅——编 著

当代世界出版社
THE CONTEMPORARY WORLD PRESS

图书在版编目（CIP）数据

科技与人文的交响：自然辩证法案例与分析 / 张毅编著. -- 北京：当代世界出版社, 2025.6. -- ISBN 978-7-5090-1940-5

Ⅰ. N031

中国国家版本馆 CIP 数据核字第 2025FQ4136 号

| 书　　名：科技与人文的交响——自然辩证法案例与分析
| 出 品 人：李双伍
| 监　　制：吕　辉
| 责任编辑：高　冉
| 出版发行：当代世界出版社
| 地　　址：北京市东城区地安门东大街 70-9 号
| 邮　　编：100009
| 邮　　箱：ddsjchubanshe@163.com
| 编务电话：（010）83907528
| 　　　　　（010）83908410 转 804
| 发行电话：（010）83908410 转 812
| 传　　真：（010）83908410 转 806
| 经　　销：新华书店
| 印　　刷：北京汇瑞嘉合文化发展有限公司
| 开　　本：710 毫米×1000 毫米　1/16
| 印　　张：17.5
| 字　　数：227 千字
| 版　　次：2025 年 6 月第 1 版
| 印　　次：2025 年 6 月第 1 次
| 书　　号：978-7-5090-1940-5
| 定　　价：88.00 元

法律顾问：北京市东卫律师事务所　钱汪龙律师团队　（010）65542827
版权所有，翻印必究；未经许可，不得转载。

目 录

第一章 自然的辩证本体：马克思主义自然观

1. 泰勒斯水谜题：万物起源的朴素猜想 / 3
2. 笛卡尔机械论：用齿轮解读生命的狂想 / 9
3. 全球气候变暖：地球的创伤与自愈 / 16
4. 亚马逊雨林水循环：古老生态的智慧图腾 / 22
5. 港珠澳大桥：连接三地的世纪工程 / 28
6. 生态城市：人与自然和谐共生的未来城市模式 / 35

第二章 技术的认识论革命：马克思主义科学技术观

1. 恩格斯《英国工人阶级状况》：
   理解和把握马克思主义科技观的重要著作 / 43
2. 能量守恒定律：科学界的唯物辩证法 / 48
3. 元宇宙技术：重塑在线教育的实践路径 / 55
4. 三体计算星座：开启全球"太空计算时代"新篇章 / 61
5. 北斗卫星导航系统：中国科技自主创新的标杆 / 68
6. 人类微生物组计划：全球跨学科科研协作的样板 / 74
7. 3D打印技术：从原型制造到批量生产 / 81
8. 大疆崛起之路：无人机技术的全球典范 / 88

第三章 方法的辩证实践：马克思主义科学技术方法论

1. 希尔伯特的23个数学问题：数学王国的认知突围 / 97
2. AlphaGo风暴：人机博弈的哲学转折点 / 104
3. 门捷列夫元素周期表：科学上的勋业 / 110
4. AlphaFold：蛋白质结构预测的革命性突破 / 116

5. 人类细胞图谱：探索生命奥秘的新里程碑 / 122
6. 特斯拉超级工厂：开启能源变革新时代 / 128
7. 事件视界望远镜：人类首次"看见"黑洞的全球科学壮举 / 134
8. 共享单车调度算法：从人工调度到智能优化的进化 / 140
9. 智能家居语音控制系统：语音识别技术走进千家万户 / 146

第四章　社会的技术互构：马克思主义科学技术社会论

1. 英国皇家学会：科学共同体的原始代码 / 155
2. "地平线"计划：欧洲创新的系统论实践 / 160
3. 中国高铁技术：从技术引进到领跑的跨越式发展 / 166
4. 5G 医疗：跨越山海的生命连线 / 172
5. "东数西算"工程：数字经济时代的"算力南水北调" / 178
6. AI 换脸危机：真实性的哲学保卫战 / 185
7. 自动驾驶：算法决策的道德迷宫与责任悖论 / 191
8. 基因编辑：改写生命代码的伦理边界 / 197
9. 脑机接口：直连思维与机器的桥梁 / 203
10. 人工智能：奏响人机共存的和谐旋律 / 211

第五章　自主的东方范式：中国马克思主义科学技术观

1. "东方红一号"人造卫星：中国航天事业的里程碑 / 219
2. 《十二年科技发展规划》：系统思维的国家实践 / 224
3. "863"计划：前沿技术的战略辩证法 / 229
4. 国家科学技术奖：创新驱动的荣誉辩证法 / 235
5. 新能源汽车：能源革命的东方路径 / 241
6. "天河一号"超算：算力主权的争夺战 / 247
7. "墨子号"卫星：量子通信的哲学革命 / 253
8. 杭州六小龙：从"政策土壤"到"产业森林"的生长样本 / 259
9. "一带一路"科技带：新丝路的认知桥梁 / 266

后　记 / 273

第一章

自然的辩证本体
——马克思主义自然观

泰勒斯水谜题
——万物起源的朴素猜想

摘要：泰勒斯提出的"水是万物本原"理论标志着人类思维从神话向理性的重大转折。这一理论认为水是构成世界的物质基础,万物皆源于水并最终复归于水,试图以自然本身解释自然现象,摒弃了传统的神创论世界观。泰勒斯的理论具有三重核心特征:一是确认物质性本原,以可感知的水作为解释世界的起点;二是从自然内在角度理解运动,强调水的形态变化蕴含物质自我运动的能力;三是体现统一性思维,试图以单一要素解释复杂多样的现象。这一理论不仅是哲学与科学思维的萌芽,其从自然界本身理解自然的核心原则至今仍是现代科学的基本立场。

关键词：朴素唯物主义自然观;泰勒斯;水本原说

案例描述

公元前6世纪，古希腊社会正经历从神话思维向理性思维的深刻转变。在爱奥尼亚（Ionia）地区，尤其是米利都（Miletus）城邦，因其繁荣的贸易和多元文化的交汇，成为早期自然哲学的发源地。在这里，米利都的泰勒斯（Thales）系统阐述了一个颠覆性的理论框架——将水定义为构成宇宙万物的根本元素。这一观点标志着人类首次尝试用自然本身而非神话来解释世界的统一性，奠定了朴素唯物主义自然观的基础。

泰勒斯被归为"米利都学派"的创始人，该学派的特点是以物质性的本原（arche）来解释万物的生成与变化。与荷马（Homer）和赫西俄德（Hesiod）的神创论世界观不同，泰勒斯不再依赖奥林匹斯诸神或混沌（Chaos）等超自然力量来解释世界的起源，而是从自然界中寻找统一的物质基础。这一思维方式的转变，使得泰勒斯成为西方唯物主义传统的先驱，不仅塑造了古希腊唯物主义思想的雏形，更通过阿那克西曼德（Anaximander）的"无定形说"、阿那克西美尼（Anaximenes）的"气本原论"得到延续发展，最终在德谟克利特的原子学说中形成系统化的物质构成理论，为现代科学物质观提供了原始的思想原型。

泰勒斯的核心命题是"水是万物的本原"。这里的"本原"包含两层含义：一是时间上的起源，即万物最初由水生成；二是逻辑上的"基础"，即水是构成一切事物的基本物质。这一概念的关键在于，泰勒斯认为自然界的一切变化（如植物的生长、天气的变化、大地的形成）都可以归结为水的不同形态。例如，水可以蒸发为气，凝结为冰，渗入土壤滋养生命，甚至可能支撑大地（泰勒斯认为"大地浮在水上"）。这种观点虽然简单直观，但已经蕴含了物质统一性的思想，即自然界纷繁复杂的现象背后存在一个共同的物质基础。

泰勒斯的水本原理论具有朴素唯物主义的典型特征，即用具体的、可感知的物质（水）来解释世界的统一性，而非诉诸神灵或抽象原则。古希腊人通常用神话解释自然现象。例如，地震被归因于海神波塞冬（Poseidon）的愤怒，雷电被认为是宙斯（Zeus）的武器，世界的起源被描述为混沌（Chaos）中诞生的原始神（如盖亚 Gaia、乌拉诺斯 Uranus）。然而，泰勒斯完全摒弃了这种拟人化的神学解释，转而认为自然现象是物质自身运动的结果。例如，他提出地震并非波塞冬的惩罚，而是因为大地漂浮在水上，水的波动导致地面的震动。这种解释虽然并不完全正确，但其革命性在于它试图用自然原因（而非超自然力量）来解释自然现象，这正是唯物主义自然观的核心原则。

泰勒斯水本原理论作为朴素唯物主义自然观的经典案例，展现了早期人类如何从神话思维转向理性思维，并尝试用物质本身解释世界的统一性。尽管其理论较为直观，但它标志着西方哲学和科学思维的诞生，对后来的自然哲学发展产生了深远影响。在马克思主义自然观的形成过程中，泰勒斯的贡献被视为唯物主义传统的萌芽，其核心思想"从自然界本身理解自然"仍然是现代科学和哲学的基本立场之一。

案例分析

泰勒斯的"水是万物本原"理论已经具备了朴素唯物主义的几个关键特征。

第一，物质性本原的确认。泰勒斯通过对自然现象的细致观察，发现水具有滋养万物、改变形态、塑造地貌等特性，因而将其确立为世界的本原。[1]

第二，从自然内在的角度解释运动。水的流动性特征使泰勒斯认识到"自然界不是静止不变的而是运动变化的"。[2] 他观察到水可以蒸发为气、凝结为冰、渗入土壤滋养生命，这些自然现象都表明物质具有自我运动的能力。这种认识虽然建立在直观感受基础上，但已经触及物质运动这一辩证法的核心命题。泰勒斯特别强调水的转化能力，认为正是通过这种转化，单一的水本原能够

---

[1] 杜冠旭,马品彦.哲学派别性视域下古希腊早期哲学本原观嬗变研究[J].南方论刊,2023,(06):42-45.

[2] 殷杰,郭贵春.自然辩证法概论(修订版)[M].北京:高等教育出版社,2020:20.

产生世界的多样性。

第三，统一性思维。泰勒斯的水本原说体现了早期人类对世界统一性的思考。他试图用单一的物质要素解释复杂多样的自然现象，这种思维方式反映了人类理性试图把握世界本质的最初尝试。虽然这种解释过于简单化，但其中蕴含的寻找世界统一性的思维取向"冲破了宗教神话自然观的桎梏"[①]，对后来的哲学和科学发展产生了深远影响。

泰勒斯的水本原理论的形成有其特定的历史背景和思想渊源。公元前6世纪的米利都城邦是东西方文明的交汇点，发达的海上贸易促进了思想交流，为哲学思考提供了沃土。作为航海民族的希腊人，对水的力量有着深刻认识，这为水本原说的提出提供了现实基础。

从思想渊源来看，泰勒斯的理论既受到古埃及和巴比伦自然观的影响，又突破了原始宗教的束缚。古埃及人将尼罗河神化，巴比伦人则有深渊之神阿普苏的传说，这些文化传统中的水崇拜元素，经过泰勒斯的改造褪去了神秘色彩，转变为理性的自然哲学。这种转变标志着人类思维从神话向理性的重要飞跃。

米利都学派的其他哲学家，如阿那克西曼德和阿那克西美尼，在泰勒斯基础上进一步发展了物质本原说。阿那克西曼德提出"无定形"概念，阿那克西美尼则认为气是万物本原，这些发展都延续了泰勒斯开创的唯物主义路线。

泰勒斯的水本原说在哲学史上具有开创性意义。它确立了从自然本身解释自然的基本原则，为后来的唯物主义传统奠定了基石。这一理论体现的理性精神和对自然规律的探索意识，正是现代科学精神的最初形态。

在哲学发展方面，泰勒斯的理论直接影响了后来的古希腊哲学。德谟克利特的原子论、赫拉克利特的火本原说，都可以看作是对水本原说的深化和发展。这些思想经过伊壁鸠鲁等人的发展，最终在马克思主义哲学中得到完善和提升。古希腊的这些思想成为近代自然科学发展的历史渊源，泰勒斯开创的这条思想路线对

---

① 殷杰,郭贵春.自然辩证法概论(修订版)[M].北京:高等教育出版社,2020:26.

人类文明的发展产生了深远影响。

从思维模式创新的角度上来看，泰勒斯理论实现了思维方式的革命性转变。从神话思维转向理性思维，从超自然解释转向自然解释，这种转变的意义远远超过了理论本身的具体内容。它标志着人类开始用理性的眼光审视世界，这种思维取向的确立为后来的哲学和科学发展开辟了道路。

尽管具有重要历史价值，泰勒斯的水本原说也存在明显局限性。理论解释范围有限，主要关注自然本原问题，难以解释复杂的社会现象和人生问题。在方法论上，这一理论主要依靠直观感受和猜测，缺乏严格的实证和逻辑论证，这使得其理论显得笼统而含混。

从理论体系来看，水本原说对物质转化机制缺乏系统说明，这种不彻底性为后来的唯心主义留下了发展空间。泰勒斯虽然提出了本原概念，但对本原如何具体转化为万物的问题，只能给出模糊的解释。这种理论上的不完善，反映了早期哲学思维的局限性。

然而这些局限并不能否定泰勒斯理论的重要价值。作为人类理性探索自然的第一个系统性尝试，它提出的问题和思考方向至今仍然具有启发意义。现代科学对物质基本构成的探索，在某种意义上仍然延续着泰勒斯开创的寻找世界本原的思路。水本原说所体现的从物质世界本身寻找答案的思维方式，仍然是当代科学研究的根本方法。

从现代视角重新审视泰勒斯的理论，可以获得新的认识。在环境哲学领域，水本原说提醒我们重视水在生态系统中的基础地位。在科学哲学层面，这一理论展示了假说形成的基本过程：从观察现象到提出解释。在思维方法上，它证明了抽象思维对人类认识世界的重要性。

泰勒斯理论最重要的现代价值在于其体现的理性精神。在当今科技高度发达的时代，我们仍然需要保持这种理性探索精神，同时又要超越早期哲学的直观性和猜测性，将理性思考建立在严格的科学基础之上。

参考文献

[1]王敏,景剑峰.古希腊早期自然观中的系统思维[J].系统科学学报,2023,31(03):1-5.

[2]杜冠旭,马品彦.哲学派别性视域下古希腊早期哲学本原观嬗变研究[J].南方论刊,2023,(06):42-45.

[3]卢昌海.泰勒斯的水[J].科学世界,2018,(07):130-131.

拓展阅读

[1]北京大学哲学系外国哲学史教研室.古希腊罗马哲学[M].北京:商务印书馆,2021.

[2]卞敏.自然观与历史观:西方哲学史的主题[J].江海学刊,2009,(04):43-49.

[3]罗志发.泰勒斯"水是原则"哲学命题来源解读[J].广西民族大学学报(哲学社会科学版),2007,(06):112-115.

笛卡尔机械论
——用齿轮解读生命的狂想

摘要：笛卡尔机械论以物质世界的机械性为核心，将宇宙视为由力学规律支配的机械系统，主张用物质微粒的运动和碰撞解释自然现象，否定亚里士多德目的论与神秘主义。其核心观点包括：物质由广延属性定义且无限可分，心灵与身体二元论，机械论普遍性，以及强调理性分析与直观认识。笛卡尔机械论虽然有其局限性，但是将其应用于物理学、数学等领域，推动了自然科学与科学方法的发展，主张实验与理性结合，为现代科学奠定了基础。

关键词：笛卡尔；机械论；现代科学

案例描述

一、笛卡尔机械论的核心观点

勒奈·笛卡尔（René Descartes）认为，整个宇宙是一个巨大的机械系统，物质世界由机械运动和力学规律支配。他反对传统的目的论和神秘主义解释，主张用机械模型来模拟自然现象，并将自然现象归结为物质粒子的运动和相互作用。

第一，物质世界的机械性。笛卡尔认为，物质世界是由广延构成的，即物质具有长度、宽度和高度等属性。他将物质视为一种充满宇宙的连续体，构成物质的基本单元始终处于运动状态，这些单元通过接触和位移的机械作用，形成了我们观察到的各种物理现象。这种观点否定了亚里士多德的原子论和虚空概念，强调物质是无限可分的，并且永远处于运动之中。

第二，心灵与身体的二元性。笛卡尔进一步提出著名的"灵肉二元论"，即心灵和肉体是两种截然不同的实体。心灵是非物质的，具有思维能力，而肉体则是机械性的，仅由物质构成。心灵通过松果腺与肉体相连，负责指挥身体的动作。这一观点试图将心灵从机械论中分离出来，但同时也引发了关于心灵如何影响身体的难题。

第三，机械论的普遍性。笛卡尔将机械论扩展到整个自然科学领域，认为自然现象都可以用机械原理来解释。例如，他将心脏比作水泵，将血液流动比作水的流动。他还批判了亚里士多德的目的因解释，认为自然现象无需依赖上帝的目的安排。

第四，理性与直观。笛卡尔强调理性在认识世界中的重要性，认为通过理性分析可以将复杂的自然现象简化为清晰的规则。他提出"直观"作为认识的基础，认为直观能够直接把握简单而纯粹的事物。

二、笛卡尔机械论的内容

第一，自然哲学中的机械论。在《方法论》中，笛卡尔明确指出自然哲学的核心是研究物质世界的机械运动。他主张将自然界视为遵循精密规律的动力学系统,认为从行星运行到叶片生长,所有物理过程本质上都源自物质间的力学作用。他将植物的生长比作时钟的运转,认为植物的生长是由机械原理驱动的。

第二,物理学中的贡献。笛卡尔对物理学的贡献主要体现在他对力学的研究上。他提出了运动守恒原理,并认为宇宙中的运动是永恒的。他还研究了光学现象,提出了光线折射和反射的数学公式。

第三,数学与几何学的应用。笛卡尔将数学方法引入哲学和科学,创立了解析几何学。他通过代数方程来描述几何图形,为现代数学的发展奠定了基础。

第四,心灵与身体的关系。笛卡尔试图通过机械论解释心灵如何影响身体。他认为心灵通过松果腺与身体相连,并通过松果腺分泌的液体来控制身体的动作。然而这一解释也引发了关于心灵与身体如何相互作用的哲学争议。

三、笛卡尔机械论的影响

第一,对自然科学的影响。笛卡尔的机械论推动了自然科学的发展,他的观点促使科学家们用实验和观察来研究自然现象,而不是依赖于传统的经院哲学和目的论解释。

第二,对科学方法的影响。笛卡尔强调理性分析和实验验证的重要性,提倡通过清晰明确的原则来探索自然规律,这种方法后来成为现代科学的基础。

第三,对哲学的影响。笛卡尔的机械论引发了关于心灵与身体关系的哲学讨论,他的二元论观点对后来的心灵哲学产生了深远影响,并引发了长达几个世纪的争论。

第四,对宗教的影响。笛卡尔的机械论与宗教信仰之间存在张力,他反对用机械论解释上帝的存在,认为上帝是独立于物质世界的实体。然而,他的观点也引发了关于上帝是否干预自然规律的争议。

笛卡尔的机械论是其哲学思想的重要组成部分,它以物质世界的机械性为核心,试图用力学原理解释自然现象。尽管笛卡尔试图将心灵从机械论中分离出来,但他的观点仍然引发了关于心灵与身体关系的哲学争议。笛卡尔的机械论不仅推动了自然科学的发展，还为现代科学方法奠定了基础。然而，他的观点也存在局限性，例如未能充分解释心灵如何影响身体的问题。尽管如此，笛卡尔的机械论仍然是17世纪科学革命的重要推动力之一，并对后世产生了深远影响。

案例分析

笛卡尔的机械论哲学是近代自然科学的重要思想基础，其核心特征之一是将生命体视为由零件（如骨骼、肌肉、器官）组成的自动机器，并仅承认机械因果性，否定生命体的自主性或目的性。这种机械论观点虽然存在一定的局限性，但是在哲学上依然具有深远影响，也对自然科学的发展产生了重要推动作用。

一、笛卡尔机械论的两点特征

第一，将生命体视为自动机器。"机械唯物主义自然观把自然界、动物甚至人都看成是机器，把自然界的所有运动都看成机械运动。"[1] 笛卡尔认为生命体包括动物和人类的身体，既然人的身体是机器，而动物的身体同人的身体一样都是由物质构成的，因此人的身体和动物的身体都是及其，即本质上是一种复杂的机械装置[2]。他将人体比作一架机器，骨骼、肌肉、血液等都是构成这架机器的零件，而这些零件按照力学规律运行，心脏被比作太阳，肺部被比作风箱，这些类比表明笛卡尔试图用机械原理解释生物现象。这种观点不仅适用于无机自然界，还扩展到了有机自然界，包括植物和动物。

这种机械论观点在生物学领域具有开创性意义。它为后来的生理学、解剖学和医学研究提供了理论基础。通过解剖人体，人们可以更好地认识其运动规律，并在出现故障时进行修复。然而，这种观点也存在明显的局限性。笛卡尔的机械论忽视了生命现象

---

[1] 殷杰,郭贵春.自然辩证法概论(修订版)[M].北京:高等教育出版社,2020:34.
[2] 施璇.笛卡尔的动物-机器说新论[J].复旦学报(社会科学版),2025,67(02):33-43.

的复杂性和自主性，将生命简化为机械运动，忽略了生命体的自我维持和自我复制能力。

第二，仅承认机械因果性，否定生命体的自主性或目的性。"机械唯物主义自然观不用联系、变化、整体的观点看自然界，而用孤立、静止、片面的观点解释自然界"①，笛卡尔强调自然界的运动是由外力引起的机械运动，否认自然界内部存在自发性和目的性。他认为，自然界的运行完全遵循力学定律，如惯性定律和运动守恒定律。这种观点否定了生命现象的内在目的性，认为生命现象只是机械运动的一种表现形式。

然而，这种机械因果观也带来了问题。笛卡尔的理论无法解释生命现象中的一些特殊现象，例如植物的向光性、动物的趋利避害行为等。笛卡尔的机械论还导致了对生命现象的片面理解，忽略了生命系统的整体性和动态性。

二、积极影响

第一，推动自然科学的发展。笛卡尔的机械论为自然科学的发展奠定了基础。他将力学原理应用于自然现象的解释中，使得科学研究更加注重实验和观察。在生物学领域，笛卡尔的观点促进了解剖学和生理学的研究。他的机械论思想还影响了后来的科学家，如牛顿等，推动了经典力学体系的建立。

第二，促进理性思维的发展。笛卡尔的机械论强调理性分析和经验材料的重要性，为认识论提供了新的方法论基础。他的"理解-意志"认识系统强调通过理性分析来认识世界，这为后来的科学研究提供了重要的思维方式。

第三，为社会变革提供理论支持。机械唯物主义自然观强调物质世界的客观实在性和自然规律的普遍性为社会变革提供了理论支持，在马克思的思想中，机械唯物主义自然观为马克思主义哲学提供了方法论基础。

---

① 殷杰,郭贵春.自然辩证法概论(修订版)[M].北京:高等教育出版社,2020:35.

三、局限性

第一，忽视生命现象的复杂性和自主性。笛卡尔的机械论将生命简化为机械运动，忽略了生命现象的复杂性和自主性。他无法解释植物的向光性和动物的行为适应性。这种观点背离了生命有机统一整体的现实，导致了文化发展中的矛盾。

第二，片面看待自然界的运动。笛卡尔的机械论过于强调外力作用，忽视了自然界内部的自发性和目的性。这种片面性使得他的理论无法全面解释自然现象，尤其是生命现象。

第三，与形而上学二元论的矛盾。笛卡尔虽然在物理学上是机械论者，然而在形而上学层面，他同时确立了精神实体与物质实体的绝对区隔，将思维活动与物理运动划分为两个互不统属的领域，这种二元论与他的机械论思想存在矛盾。

四、辩证看待笛卡尔机械论的影响

第一，积极影响的辩证性。笛卡尔的机械论在推动自然科学和社会变革方面具有重要意义，但其局限性也不容忽视。例如，尽管他的理论促进了物理学和生物学的发展，但其对生命现象的简化和片面理解也带来了问题。

第二，局限性的修正与超越。随着科学的发展，特别是达尔文进化论和现代生物学的兴起，笛卡尔的机械论逐渐被修正和超越。现代科学强调生命的复杂性和自主性，反对将生命现象简单归结为机械运动。

第三，对当代科学的影响。笛卡尔的机械论思想仍然对当代科学产生影响。例如，在人工智能领域，他的机械论思想启发了对机器智能的研究。然而，现代科学已经认识到生命的本质远比机械运动复杂，需要综合考虑生物学、化学和物理学等多个学科的知识。

因此在评价笛卡尔机械论的影响时需要辩证地看待其积极意义和局限性。通过修正和超越笛卡尔的机械论思想，现代科学能够更全面地认识自然界和生命现象。

参考文献

[1]施璇.笛卡尔的机械论解释与目的论解释[J].世界哲学,2014,(06):77-86+160-161.

[2]施璇.笛卡尔的动物-机器说新论[J].复旦学报(社会科学版),2025,67(02):33-43.

[3]李珂.身体的权利:试论笛卡尔机械论身体观的哲学动机[J].世界哲学,2013,(06):44-50.

拓展阅读

[1]刘少明.马克思对笛卡尔物性理论的继承和修正——基于现象学的视角[J].中南大学学报(社会科学版),2025,31(01):23-32.

[2]施璇.笛卡尔物质性实体的一元论与非一元论之争[J].现代哲学,2023,(01):102-110.

[3]陆秀红,黄成驰,张毅.笛卡尔的普遍数学思想与其上帝观的发生逻辑[J].自然辩证法研究,2022,38(02):73-78.

全球气候变暖
——地球的创伤与自愈

摘要：自西方工业革命取得胜利之后，人类的生产规模以及生产活动的总量呈现出持续扩大的态势，对自然界资源的开发力度也在不断加强。在这一阶段，大量的温室气体被释放出来，这使得大气的原有成分发生了改变，进而引发了全球气候变暖的现象。然而工业文明与碳循环之间存在着矛盾和冲突，这使得人类对气候变化的认识呈现出螺旋式上升的特征，从最初的环境污染问题逐渐转变为追求可持续发展的道路。本文将从全球气候变暖的原因和影响入手，运用辩证唯物主义的观点分析全球气候变暖的矛盾运动。

关键词：工业革命；全球气候变暖；辩证唯物主义

案例描述

全球气候变暖是指地球表面平均温度的长期上升趋势，这种现象主要由温室效应的加剧引起。温室效应是一种自然过程，通过大气中的温室气体（如二氧化碳、甲烷和水蒸气）吸收太阳辐射并阻止热量逃逸到太空中，从而维持地球的温暖环境。不过人类活动诸如燃烧化石燃料、进行森林砍伐等，使得温室气体浓度急剧上升，进而导致温室效应进一步增强，导致行星热平衡系统出现持续性紊乱，从而引发了全球气候变暖的情况。

全球气候变暖的历史根源可溯及工业化早期阶段。18世纪后期机械文明的勃兴，随着工业化进程的加速，煤炭、石油等高碳能源的大规模利用释放出巨量滞留于地壳中的温室气体。除此之外，森林砍伐和土地利用方式的改变同样加剧了温室气体的排放。这些人类活动最终导致大气中温室气体的浓度显著提高，从而推动了全球气候变暖的加速发展。

科学家发现，和18世纪前相比，到2023年末，人类活动引起的气候变化可能已经导致气候变暖约1.5℃。[①] 科学家预测如果不采取有效措施，未来几十年内全球气温将继续上升。

全球气候变暖引发了一系列显著的气候变化现象。其中，极端天气事件频繁出现，包括热浪、干旱、暴雨以及飓风等极端天气事件的发生频率和强度都有了显著的增加。2024年成为有记录以来最热的一年[②]，极端高温事件在全球范围内造成了巨大的破坏。与此同时，冰川和极地冰盖出现了融化的情况，北极和南极地区的冰盖面积持续减少，导致海平面不断上升。2023年，全球平均海平面达到了自1993年有卫星记录以来的最高点。按照目前趋势，到2050年可能会再上升20厘米，增加沿海地区洪水发生的频率和严重程度[③]，这将对沿海城市和低洼地区的生存环境构成威胁。生态系统也发生了变化。全球气候变暖对生物多样性产生了

---

① 冯维维.冰芯数据显示全球变暖接近1.5℃升温极限[N].中国科学报,2024-11-14(002).
② 谢昭.2024年成为史上最热一年[N].环球时报,2025-01-02(008).
③ 刘霞.全球平均海平面达到有卫星记录以来最高点[N].科技日报,2024-08-23(004).

深远的影响，许多物种因为无法适应快速变化的气候而面临着灭绝的风险，珊瑚礁白化、森林退化以及海洋酸化等问题也日益变得严重。此外，降水模式也发生了改变，气候变化使得全球降水分布重新进行了分配，部分地区出现了干旱的情况，而另一些地区则遭受了洪水的侵袭，这种变化给农业生产和水资源管理带来了巨大的挑战。

全球气候变暖的主要成因可以分为自然因素和人为因素两大类。自然因素主要有：地球轨道的椭圆程度和倾斜角度的变化会影响太阳辐射的分布；太阳辐射强度的变化会对地球气候产生一定影响；火山喷发释放的大量气体和颗粒物会暂时降低地球表面温度。人为因素主要有：煤炭、石油和天然气的燃烧是二氧化碳排放的主要来源，占温室气体排放总量的70%以上；森林是重要的碳汇，砍伐森林不仅减少了碳吸收能力，还释放了大量储存于树木中的碳；畜牧业产生的甲烷排放以及化肥使用产生的氧化亚氮也是重要的温室气体来源；水泥制造、钢铁生产和铝冶炼等活动也会释放大量温室气体。

全球气候变暖对自然环境、经济和社会产生了深远的影响。自然环境体现为：物种栖息地丧失、生物多样性减少以及生态系统功能紊乱；二氧化碳溶解于海水后形成碳酸，导致海洋酸性增强，威胁海洋生物尤其是珊瑚礁；热浪、干旱、暴雨等极端天气事件对人类生活和自然环境造成巨大威胁。经济方面体现为：气候变化导致农作物生长周期缩短或延长，产量下降，粮食安全受到威胁；极端天气事件增多导致能源消耗增加，尤其是水电和核能等能源供应压力加大。社会方面体现为：海平面上升和极端天气迫使许多人离开家园，引发大规模的人口迁移；热浪和传染病传播范围扩大，加剧了公共卫生危机。

全球气候变暖现象涉及多个方面，引起了全国人民的关注，为了应对这个危机需要国际社会共同努力采取多种措施。在减少温室气体排放方面：推广清洁能源，如太阳能、风能和水能等可再生能源；改进工业生产技术和交通工具设计，提高能源效率；森林保护与植树造林，恢复森林生态系统以增强碳汇能力。

在国际合作方面：遵循《巴黎协定》，各国需履行减排承诺，共同应对气候变化挑战；国际援助与发展合作：帮助发展中国家适应气候变化带来的影响；提高环保意识，通过教育和宣传让更多人了解气候变化问题；改变生活方式，减少能源消耗，选择公共交通工具和节能产品。

全球气候变暖是一个复杂且紧迫的问题，其成因多样且影响深远。从自然因素到人为活动，从生态系统到经济和社会，全球气候变暖已经对人类赖以生存的环境造成了巨大威胁。面对这一挑战，我们需要从科学研究到政策制定再到公众参与，全方位地采取行动。只有通过国际合作和共同努力，才能有效减缓全球气候变暖的趋势，并保护我们共同的地球家园。

案例分析

从辩证唯物主义的角度来看，工业革命后人类活动排放的温室气体（如二氧化碳）与自然碳循环之间的矛盾，不仅揭示了人类社会发展的复杂性，也体现了哲学思想中关于矛盾运动和发展的深刻内涵。

矛盾推动发展：工业革命以来，人类通过技术进步实现了工业化和现代化，但同时也打破了自然界的平衡，导致温室气体排放量急剧增加，破坏了自然碳循环的平衡。这种矛盾表现为人类活动与自然规律之间的冲突，迫使人类重新审视自身的发展模式，并推动可持续发展理念的形成。气候变化研究揭示了温室气体排放对地球气候的深远影响，促使国际社会制定《巴黎协定》，以控制全球平均气温升幅并实现碳中和目标。这表明矛盾的存在不仅带来了问题，也推动了人类社会的进步和变革。

否定之否定：从原始社会的低排放到工业时代的高污染，再到现代绿色能源的回归，人类社会的发展呈现出一种螺旋式上升的趋势。工业革命带来了高污染，但同时也催生了对环境保护的需求；而绿色能源的兴起则是对工业时代高污染的否定，又在更高层次上实现了对自然的尊重和利用。这种否定之否定的过程不仅体现了人类对自然规律认识的深化，也反映了人类社会在实践中不断调整自身行为以适应环境变化的能力[①]。

实践与认识的统一：辩证唯物主义认为，实践是检验真理的唯一标准，而认识则通过实践不断深化。气候变化问题的研究深化了人类对自然规律的认识。例如，科学家通过分析冰芯数据和气候模型，揭示了工业革命以来温室气体浓度的变化及其对气候的影响。这种认识的深化又反过来推动了环保政策的制定和实施，如《京都议定书》和《巴黎协定》等国际协议的签署，旨在减少温室气体排放并推动低碳经济的发展。

矛盾的普遍性和特殊性：矛盾存在于一切事物的发展过程中，并贯穿于一切过程的始终。气候变化问题正是这种矛盾的具体体现：一方面，温室气体排放是全球性问题，涉及各国经济、能源结构和生活方式的深刻变革；另一方面，不同国家和地区由于经济发展水平、资源禀赋和环境承载能力的不同，其应对气候变化的方式和效果也存在显著差异，因此解决气候变化问题需要全球合作与因地制宜的策略相结合。

工业革命后温室气体排放与自然碳循环之间的矛盾，既是人类社会发展过程中不可避免的问题，也是推动人类进步的重要动力。通过辩证唯物主义的视角，我们可以看到这一矛盾不仅是量变到质变的过程，更是人类认识自然、改造自然并最终实现人与自然和谐共生的过程。这种矛盾的存在促使人类反思发展模式，推动绿色低碳转型，并通过实践与认识的统一不断优化应对策略，这不仅是对工业文明的否定，更是对人类未来的深刻启示。

参考文献

[1]王淑芬.全球气候变暖的影响及对策研究[J].中国新技术新产品,2013,(16):165.

[2]冯维维.冰芯数据显示全球变暖接近1.5℃升温极限[N].中国科学报,2024-11-14(002).

[3]谢昭.2024年成为史上最热一年[N].环球时报,2025-01-02(008).

---

① 吴金甲,曲建升,李恒吉,等.气候变化问题多学科协同机制实践研究[J].生态经济,2018,34(01):128-133.

［4］刘霞.全球平均海平面达到有卫星记录以来最高点［N］.科技日报,2024-08-23(004).

［5］吴金甲,曲建升,李恒吉,等.气候变化问题多学科协同机制实践研究［J］.生态经济,2018,34(01):128-133.

拓展阅读

［1］何玮.全球气候变化下冰川的消融与保护［J］.生态经济,2025,41(05):1-4.

［2］韩扬眉.50多年前,他为何能精准预测气候变暖［N］.中国科学报,2024-09-27(003).

［3］辛雨.气候变暖1℃,地衣适应百万年［N］.中国科学报,2022-02-17(002).

亚马逊雨林水循环
——古老生态的智慧图腾

摘要： 亚马逊雨林作为地球上最大的热带雨林，其水循环系统是维持区域及全球生态平衡的核心。该系统年均降水量达2000—3000毫米，植被的蒸腾作用以及土壤高渗透性与密集河网调节水分时空分布。但是人类的各种活动活动进一步破坏水循环，威胁生物多样性及全球气候。从系统自然观视角，该水循环体现整体性、自组织、能量流动及反馈机制，强调各环节的动态平衡与相互依存。保护亚马逊需恢复森林、限制开发并推广可持续策略，以维护其气候调节、生物多样性保护及人类福祉支持功能，履行全球生态责任。

关键词： 亚马逊雨林；水循环系统；系统自然观；生态平衡

案例描述

亚马逊雨林是地球上最大的热带雨林，其复杂的水循环系统是维持其生态系统平衡的关键。这一系统不仅对当地气候和生物多样性至关重要，还对全球水循环和气候变化产生深远影响。

一、水循环的基本组成

亚马逊雨林的水循环体系由多个关键环节构成。该区域降水总量远超全球陆地平均水平，充沛的水资源为系统运转奠定基础。这些降水通过植被的蒸腾作用释放到大气中，形成一种"生物降水"现象，使得雨林保持湿润状态。这种蒸腾作用不仅由树木和植物完成，还通过其复杂的植被结构将水蒸气释放到大气层中，从而维持了雨林的湿润环境。

降水则通过地表径流和地下渗透进入河流系统，一部分通过河流径流流出，而另一部分则通过土壤的渗透进入地下。雨林的土壤具有独特的多孔结构，其渗透速率显著高于普通土壤，这种特性有效调节了水分的时空分布，使水分在雨林生态系统中得以有效利用。

二、地理与水文特征

亚马逊热带雨林覆盖面积达700万平方公里，其水文系统具有显著的独特性。主干河道亚马逊河全长6400公里，年均径流量达5.5万亿立方米，每秒流量超过20万立方米，超过全球七大河流流量总和[①]。流域内分布着多条支流，形成全球最密集的河网系统，包括泛滥平原和季节性洪水区，这些区域在雨季时会淹没大片土地，储存大量水分，随后在旱季释放。

亚马逊雨林还拥有丰富的湿地和湖泊，其中河流和支流蕴藏着地球上约五分之一的淡水，滋养着种类繁多的哺乳动物、鸟类、两栖动物和植物，这些水体不仅为生物提供了栖息地，还对调节气候和维持生态平衡具有重要作用。

---

① 邵学民.燃烧的亚马逊雨林[J].安徽消防,1998,(07):35.

三、植被与水循环的相互作用

亚马逊雨林的植被对水循环起到了关键作用。林冠截留是雨林中重要的水循环过程，降水通过叶片表面蒸发或沿枝条流下，最终进入土壤。雨林的根系通过吸收土壤中的水分，为植物提供生长所需的水分，同时减少了土壤水分的流失。蒸腾作用是雨林水循环的重要组成部分，雨林植被通过蒸腾作用释放大量水分，维持了雨林的湿润环境。然而森林砍伐破坏了这种平衡，导致蒸腾作用减弱，降雨量减少，进而引发干旱和土壤侵蚀。

四、人类活动对水循环的干扰

人类活动对亚马逊雨林的水循环产生了深远影响。森林砍伐是破坏水循环的主要因素之一，森林覆盖率降低，区域年降水量也会跟着下降，同时增加了径流和土壤侵蚀，使河流流量和水质发生变化。例如砍伐严重的马托格罗索州，旱季期延长，年降水量减少。森林砍伐导致的土壤裸露增加了洪水和泥石流的风险，同时减少了地下水的补给，影响了河流的稳定性和生态系统的健康。此外大坝建设、农业扩张、水电站的建设等人类活动改变了河流的自然流量，导致下游地区的水资源短缺和生态系统失衡，对亚马逊的水循环产生了负面影响。

亚马逊雨林的水循环是一个复杂而高效的生态系统，其功能依赖于自然植被的完整性和地理环境的稳定性。然而人类活动对这一系统的干扰日益加剧，森林砍伐、大坝建设和污染等问题正在威胁亚马逊的水循环和生态平衡。为了保护这一宝贵的自然资源，必须采取有效措施减少人类活动对水循环的影响，例如恢复森林、限制大坝建设以及推广可持续农业和水资源管理策略。通过这些努力，我们才能确保亚马逊雨林继续发挥其在全球水循环中的重要作用，为地球的生态平衡贡献力量。

> 案例分析

亚马逊雨林的水循环系统不仅是生态学研究的重要对象，也是理解系统自然观的重要案例。系统自然观以系统科学等为基础，强调"自然界是简单性和复杂性、构成性与生成性、确定性和随机性辩证统一的物质系统"[①]。系统自然观认为生态系统是一个动态平衡的整体，其功能依赖于各组成部分之间的相互作用。

第一，整体性与相互依存性。亚马逊雨林的水循环是一个整体性的系统，各部分之间相互依存、相互作用。植物通过蒸腾作用释放水蒸气，而这些水蒸气又通过降雨的形式回到地面，支持植物生长。这种整体性体现了系统自然观中"整体大于部分之和"的思想。

第二，自组织与自我调节能力。亚马逊雨林的水循环具有显著的自组织特性。例如，雨林能够通过调节自身的蒸腾速率来适应气候变化和环境变化，这种自我调节能力是系统自然观的重要特征之一。

第三，能量与物质的流动。亚马逊雨林的水循环是一个能量和物质流动的过程。植物通过光合作用吸收太阳能，并将其转化为有机物；同时水分子在蒸发和降水过程中不断循环，这种能量和物质的流动体现了系统自然观中"能量流动与物质循环"的核心理念。

第四，反馈机制。亚马逊雨林的水循环还依赖于复杂的反馈机制。森林覆盖减少会导致降雨量减少，进而进一步减少森林覆盖。这种正负反馈机制是系统自然观中"动态平衡"的体现。

第五，适应性与韧性。亚马逊雨林的水循环具有高度的适应性和韧性。例如，雨林能够通过调整其蒸腾速率来应对干旱或洪水等极端气候事件。这种适应性是系统自然观中"适应性与韧性"的重要体现。

亚马逊雨林的水循环自维持系统充分体现了系统自然观的核心特点，包括整体性、自组织能力、能量与物质的流动、反馈机制

---

① 殷杰,郭贵春.自然辩证法概论(修订版)[M].北京:高等教育出版社,2020:52.

以及适应性与韧性。这一系统的复杂性和精妙性不仅展示了自然界的智慧，也为人类提供了重要的生态启示。

第一，维持区域气候稳定。亚马逊雨林通过其水循环调节区域气候，为南美洲中部和巴西东北部的干旱地区提供季节性降水。亚马逊雨林的降雨量减少会导致巴西中部和南部地区的干旱加剧，进而影响农业生产和水资源供应。

第二，全球气候调节。水循环的稳定性对于生态系统健康、气候调节和自然灾害的防范具有重要意义[①]。亚马逊雨林是全球碳循环的重要组成部分，每年吸收大量二氧化碳并释放氧气。其水循环过程通过调节大气湿度和降水模式，间接影响全球气候系统。亚马逊雨林的降雨量减少可能导致全球气候变暖加剧。

第三，生物多样性保护。亚马逊雨林区自然资源丰富，物种繁多且生物多样性保存完好。全球的生物物种中，有30%可在亚马逊雨林中找到，是地球上生物多样性最丰富的地区之一[②]。其水循环系统为这些物种提供了适宜的生存环境，维持了生态系统的稳定性和多样性。

第四，人类福祉与可持续发展。亚马逊雨林的水循环不仅为当地居民提供饮用水和灌溉用水，还支持农业、渔业和林业等经济活动。然而，由于森林砍伐、火灾和气候变化的影响，亚马逊雨林的水循环正在受到威胁。例如，森林砍伐导致降雨量减少和土壤侵蚀，进而破坏了水循环系统的稳定性。

第五，生态伦理与环境保护。亚马逊雨林的水循环系统体现了自然界的复杂性和脆弱性。人类活动对这一系统的干扰不仅威胁到生态平衡，也对全球气候和人类福祉产生深远影响。因此保护亚马逊雨林不仅是生态学问题，更是伦理和社会责任。

亚马逊雨林的水循环自维持系统是地球上最复杂的生态系统之一，其运行机制体现了系统自然观的核心思想：自然界的整体性和相互依存性。这一系统不仅维持了区域气候稳定和生物多样性繁荣，还对全球气候调节和人类福祉产生深远影响。然而由于森

---

① 钱毅,王籽洋.全球水循环有记录以来首次失衡[J].生态经济,2024,40(12):1-4.
② 亚马逊雨林在哭泣[J].重庆与世界,2005,(Z1):98-100.

林砍伐、气候变化等因素的影响,这一系统的稳定性正面临严峻挑战。

保护亚马逊雨林不仅是生态学的责任,更是全人类共同的任务。只有通过国际合作和可持续发展策略,才能确保这一宝贵的自然资源继续为地球提供生命支持服务,并为后代留下一个更加美好的世界。

参考文献

[1]ERL:大规模毁林对亚马逊水循环过程产生不可逆影响目[EB/OL].(2022-03-07)[2024-12-16].中国科学院大气物理研究所.https://iap.cas.cn/gb/xwdt/kyjz/202203/t20220307_6385988.

[2]邵学民.燃烧的亚马逊雨林[J].安徽消防,1998,(07):35.

[3]钱毅,王籽洋.全球水循环有记录以来首次失衡[J].生态经济,2024,40(12):1-4.

[4]亚马逊雨林在哭泣[J].重庆与世界,2005,(Z1):98-100.

拓展阅读

[1]刘映雪,胡开明,黄刚.热带海面温度对亚马逊旱季降水年际变率的影响及机制[J].气候与环境研究,2022,27(02):263-275.

[2]祝桂峰.保护"海洋中的热带雨林"[N].中国自然资源报,2021-10-25(005).

港珠澳大桥
——连接三地的世纪工程

摘要：港珠澳大桥是全球最长的桥隧结合工程之一，全长 55 千米，连接香港、珠海和澳门，设计使用寿命 120 年，可抵御 16 级台风和 30 万吨船舶撞击。工程采用"桥、岛、隧三位一体"的创新设计，攻克了海底淤泥深厚、沉管对接精度等世界级技术难题，同时注重生态保护，实现了对中华白海豚的"零伤亡"目标。大桥的建成显著促进了粤港澳大湾区的经济融合与人文交流。作为中国工程建设的里程碑，港珠澳大桥展现了人工自然观中主体性、能动性与价值性的辩证统一，为全球跨海工程提供了"中国方案"。

关键词：港珠澳大桥；人工自然观；技术创新

案例描述

港珠澳大桥（Hong Kong—Zhuhai—Macao Bridge，简称 HZM Bridge）作为连接珠江口三大核心城市的战略性交通纽带，构成了粤港澳地区重要的跨海交通系统。该工程由跨海桥梁、人工岛及海底隧道共同组成，总建设里程达55公里，其中主桥段延伸22.9公里，海底隧道部分纵贯6.7公里。[①] 在工程技术层面，项目团队攻克了复杂海洋地质条件下的超长沉管隧道建设难题，采用创新性钢壳混凝土组合结构，设计使用周期突破120年大关[②]，可抵御17级台风[③]，以及为珠江口进一步研究三百年一遇极端天气下工程区波浪提供支持[④]。

港珠澳大桥主体结构由三大功能模块构成：三座跨海航道桥、海底沉管隧道系统以及四座海上人工岛。其中三座主航道桥分别命名为青州航道桥、江海直达船航道桥和九洲航道桥，各桥塔造型均植根于地域文化符号——青州桥索塔采用传统中国结立体造型，江海桥塔冠模拟珠江口珍稀动物中华白海豚的流线形态，九洲桥则以"双帆竞发"的抽象设计呼应海洋文化。这种将功能结构与艺术符号相结合的设计理念，实现了现代工程与地域文脉的有机统一。

港珠澳大桥的建设始于2009年12月15日，历时近9年，于2018年10月24日正式通车。在建设过程中，工程团队攻克了多项世界级技术难题。由于海底淤泥深厚，传统填海方法难以实施，工程团队突破性研发出"超大直径钢筒快速成岛"技术，运用直径22米、高40~55米的120组钢圆筒构筑人工岛围护结构[⑤]，相较传统抛石围堰工法缩短工期近两年，又避免了淤泥扰动。海底

[①] 陈越,苏宗贤.港珠澳大桥岛隧工程技术挑战[J].现代隧道技术,2024,61(02):214-222.
[②] 廖海黎,马存明,李明水,等.港珠澳大桥的结构抗风性能[J].清华大学学报（自然科学版），2020, 60（01）：41-47.
[③] 杨氾,潘军宁,王红川.考虑极端天气时港珠澳大桥人工岛设计波浪要素：I. 数值模拟中不利台风路径选取[J].水科学进展,2019, 30（06）：892-901.
[④] 高星林,张鸣功,方明山,等.港珠澳大桥工程创新管理实践[J].重庆交通大学学报（自然科学版），2016, 35（S1）：12-26.
[⑤] 同[④]。

隧道由 33 节沉管组成，每节重约 8 万吨，对接精度要求极高。为确保沉管对接的精准性，工程团队研发了无人沉放系统，通过数字化控制和声呐测控技术，最终将沉降误差控制在 2 厘米以内，保证了隧道的密封性和安全性。大桥穿越珠江口中华白海豚国家级自然保护区，工程团队为减少对白海豚的影响，优化了设计方案，将桥墩数量从 318 个减少至 224 个，并避开白海豚繁殖期施工。截至 2017 年，保护区内白海豚数量稳定，实现了"零伤亡"目标。

作为粤港澳大湾区基础设施互联互通的关键工程，港珠澳跨海通道自投入运营以来显著推动了区域经济协同发展。该工程使香港、珠海、澳门三地间的陆路交通时间由原本的 3 小时压缩至 40~50 分钟①，有效促进了珠江口两岸要素资源的优化配置。截至 2024 年，该通道年度跨境运输量已突破千万辆次大关，单日最高客流达 14.4 万人次。作为珠江三角洲环线高速公路的重要组成部分，大桥连接了京珠高速、西部沿海高速等多条主干道，进一步优化了区域交通网络。同时，大桥的"三地三检"通关模式，提高了口岸通行效率。此外，大桥为珠江口西岸地区带来了新的发展机遇。珠海凭借区位优势成为连接港澳与内地的枢纽，澳门通过大桥进一步融入大湾区旅游经济圈，香港则巩固了其国际航运和金融中心的地位。

港珠澳大桥的建设成果获得了广泛认可，先后荣获"中国建设工程鲁班奖""国际桥梁大会超级工程奖"等多项荣誉。2023 年经多部委联合验收，项目以"零质量缺陷、零安全事故、零廉政问题"的突出表现，被评为"精品工程、样板工程、平安工程、廉洁工程"。未来，随着配套设施的完善和通关政策的优化，港珠澳大桥将继续发挥纽带作用，推动粤港澳大湾区的深度合作，进一步促进人流、物流、资金流的高效流动，为中国乃至世界的跨海工程建设树立标杆。

这项超级工程的技术突破具有划时代意义，其成功实践攻克了

---

① 边防,叶嘉安,周江评,等.跨界交通基础设施的区域竞争与政府博弈:以港珠澳大桥为例[J/OL].城市规划,1-10[2025-05-25]. http://kns.cnki.net/kcms/detail/11.2378.tu.20250409.1514.002.html.

深水沉管隧道、人工岛快速成岛等十余项世界级技术难题。在实现珠江口两岸经济互联的同时，更搭建起三地文化交流的实体纽带。这座"圆梦桥、同心桥、自信桥、复兴桥"，见证了中国综合国力的提升，也为世界跨海工程提供了"中国方案"。

案例分析

港珠澳大桥作为一项世纪工程，不仅是人类工程技术实力的集中体现，更是人工自然观在现代社会中的生动实践。从人工自然观的视角来看，这一工程完美诠释了主体性、能动性和价值性的辩证统一，展现了人类在改造自然过程中的智慧与责任。以下将从这三个特征展开分析，探讨港珠澳大桥如何成为人工自然界与天然自然界和谐共生的典范。

一、主体性：人类在创造人工自然界中的主导作用

人工自然观强调，人类在改造自然的过程中具有主体性，能够"通过他所作出的改变来使自然界为自己的目的服务，来支配自然界"。港珠澳大桥的建设和设计充分体现了这一特征。

第一，大桥的规划和设计凸显了人类的主体性。工程团队根据粤港澳大湾区的实际需求，提出了"桥、岛、隧三位一体"的创新方案，解决了伶仃洋航道通航和航空限高的双重难题。这种设计不仅满足了交通功能的需求，还融入了文化元素，青州航道桥的"中国结"索塔和江海直达船航道桥的"白海豚"塔冠，体现了人类对自然环境的艺术化改造。

第二，大桥的建设过程展现了人类对自然环境的深刻理解和掌控能力。面对海底淤泥深厚、台风频繁等自然挑战，工程团队通过"钢筒围岛"技术和无人沉放系统的技术创新克服了困难，实现了对自然条件的精准干预。这一实践，体现了人类在尊重自然规律的基础上发挥主体性的科学态度。

第三，大桥的运营管理进一步彰显了人类的主体性。通过"三地三检"通关模式和智能化交通管理，人类不仅实现了高效的资源调配，还优化了区域经济布局，推动了大湾区的融合发展。

这种主体性的发挥，正是人工自然观所倡导的从主、客体间的对立主、客体间和谐的体现。

二、能动性：遵循自然规律的科学实践

人工自然观认为，人类是"能动的自然存在物"[①]。港珠澳大桥的建设过程充分展现了人类在遵循自然规律前提下的能动性。

一方面，工程团队在面对自然限制时表现出高度的科学能动性。为减少对珠江口中华白海豚国家级自然保护区的影响，工程师通过在陆地工厂制作，运输至海上装配等方式，尽量减少大桥建设在海上施工的时间和影响范围[②]，体现了对生态规律的尊重。另一方面，技术创新是大桥能动性的核心体现。海底隧道的沉管对接精度要求极高，工程团队通过数字化控制和声呐测控技术，将沉降误差控制在10厘米以内。这种技术突破不仅解决了工程难题，还为世界跨海工程提供了"中国方案"。大桥的设计使用寿命为120年，能够抵御16级台风和30万吨船舶撞击，展现了人类在长期规划和风险防控中的能动性。

港珠澳大桥的成功表明，人类的能动性并非对自然的征服，而是通过科学手段实现与自然的协同发展。正如人工自然观所强调的，能动性与受动性的辩证统一，是人工自然界可持续发展的关键。

三、价值性：生态与社会的综合平衡

人工自然观的价值性特征体现在对自然界内在价值与人类自身价值的双重追求上。港珠澳大桥的建设不仅实现了经济和社会价值，还注重生态价值的保护，是自然界内在价值和人类自身价值辩证统一的典范。

从经济和社会价值来看，大桥将香港、珠海和澳门的车程从3

[①] 马克思恩格斯文集(第1卷)[M].北京:人民出版社,2009:209.
[②] 肖秋霞.基于叙事与记忆之场融合理论的"地理+"研学方案设计:以"港珠澳大桥"为例[J].地理教学,2024,(23):61-64.

小时缩短至30分钟,累计通行车辆突破1000万辆次,极大促进了大湾区的人流、物流和资金流。这种高效的交通连接,为区域经济一体化提供了坚实基础,体现了人工自然界的工具价值。

从生态价值来看,大桥的建设始终贯彻生态保护理念。工程团队通过优化设计、减少桥墩数量和避开敏感期施工,实现了对中华白海豚的"零伤亡"目标。这种生态优先的实践,彰显了人工自然观中尊重自然、顺应自然、保护自然的生态文明理念。同时,大桥"中国结"和"白海豚"元素的文化设计和"精品工程"定位,体现了对人类精神价值和美学价值的追求。这种多元价值的综合平衡,正是人工自然观所倡导的"从单一价值转向多元、综合价值"的体现。

港珠澳大桥作为人工自然界的杰出代表,其成功实践为人工自然观提供了丰富的现实注脚。从主体性、能动性到价值性,大桥的每一个环节都体现了人类在创造人工自然界过程中的智慧与责任。港珠澳大桥不仅是一座连接三地的物理桥梁,更是一座连接人与自然、现在与未来的精神桥梁。它向世界证明,人类完全有能力在尊重自然的前提下创造出既服务于自身需求又保护生态环境的人工自然界。这一"中国方案"为全球的可持续发展提供了宝贵经验。

参考文献

[1]王平.大湾区"硬联通"有力促进"心相通[N].人民日报海外版,2025-2-7(004).

[2]陈越,苏宗贤.港珠澳大桥岛隧工程技术挑战[J].现代隧道技术,2024,61(02):214-222.

[3]高星林,张鸣功,方明山,等.港珠澳大桥工程创新管理实践[J].重庆交通大学学报(自然科学版),2016,35(S1):12-26.

[4]廖海黎,马存明,李明水,等.港珠澳大桥的结构抗风性能[J].清华大学学报(自然科学版),2020,60(01):41-47.

[5]杨氾,潘军宁,王红川.考虑极端天气时港珠澳大桥人工岛设计波浪要素:I.数值模拟中不利台风路径选取[J].水科学进展,2019,30(06):892-901.

[6]本刊编辑部.港珠澳大桥开通历时15年完成创下6项世界之最[J].隧

道建设(中英文),2018,38(10):1602.

[7]边防,叶嘉安,周江评,等.跨界交通基础设施的区域竞争与政府博弈:以港珠澳大桥为例[J/OL].城市规划,1-10[2025-05-25].http://kns.cnki.net/kcms/detail/11.2378.tu.20250409.1514.002.html.

[8]马克思恩格斯文集(第1卷)[M].北京:人民出版社,2009.

[9]肖秋霞.基于叙事与记忆之场融合理论的"地理+"研学方案设计:以"港珠澳大桥"为例[J].地理教学,2024,(23):61-64.

拓展阅读

[1]雷爱侠,吴春燕,周园.港珠澳大桥:一桥连三地融合新动脉[N].光明日报,2024-10-27(001).

[2]韩鑫.港珠澳大桥日益成为大湾区发展"纽带"[N].人民日报,2024-10-18(001).

[3]王歌,覃柳淼,曾赛星,等.新型举国体制下重大工程创新生态系统的资源配置模式:来自港珠澳大桥技术创新的证据[J].管理世界,2024,40(05):192-216.DOI:10.19744/j.cnki.11-1235/f.2024.0057.

[4]林鸣.建造世界一流超大型跨海通道工程:港珠澳大桥岛隧工程管理创新[J].管理世界,2020,36(12):202-212.

生态城市
——人与自然和谐共生的未来城市模式

摘要：生态城市是由联合国教科文组织于20世纪70年代提出的城市发展模式，以生态学原理为指导，注重环境保护、资源节约、社会公平、经济高效及生态良性循环，追求人与自然和谐共生，其内涵涵盖和谐性、高效性、持续性等，强调社会、经济与自然的协同发展。建设内容涉及生态环境治理、资源高效利用、绿色基础设施、社会包容及区域协同等系统性工程。本文进一步探讨生态城市设计中所体现主体与客体的辩证关系以及人工自然观的科学基础与技术基础支撑，继续深化生态城市人与自然和谐共生的理念，推动经济增长与生态保护的双赢。

关键词：生态城市；人与自然和谐共生；可持续发展；主客体互动；人工自然观

案例描述

一、生态城市的概念

生态城市的概念最早由联合国教科文组织在20世纪70年代提出,其核心思想是通过生态学原理指导城市发展,实现人与自然的和谐共生。生态城市所关注的范畴不仅局限于生态环境的保护,还涉及社会进步、经济增长以及自然的协调共进,它实际上是一个包含社会、经济和自然要素的复杂复合生态系统,形成了独特的多维可持续发展范式。

具体而言,生态城市的内涵包括以下几个方面:着重强调人类与自然环境、人类与社会之间的和谐共生关系,同时注重对生态环境的保护以及资源的高效利用;通过优化资源配置和循环利用,提高物质、能量和信息的利用效率,实现经济高效发展;以可持续发展为目标,确保生态系统的良性循环和长期稳定;将社会、经济和自然三者有机结合,形成一个整体化的生态系统;考虑区域特点,因地制宜地进行规划和建设。

二、生态城市的特征

生态城市与传统城市相比具有以下显著特征。注重减少污染排放,保护大气、水质和生物多样性,推广绿色低碳技术;通过循环利用和高效配置资源,减少能源消耗和浪费;追求社会和谐,保障人人平等、自由、教育机会均等;采用可持续的生产和消费模式,提高经济效益和社会福利;通过生态工程和环境治理,实现生态系统服务功能的最大化。

三、生态城市的发展目标

生态城市的发展目标是实现人与自然的和谐统一,具体包括以下几个方面:通过改善生态环境,满足人类对健康生活的需求;促进社会公平,提高生活质量,保障教育、医疗等公共服务的普及;保护生物多样性,维持生态平衡,减少环境污染;推动绿色经济,实现经济增长与生态保护的双赢。

四、生态城市的建设内容

生态城市的建设是一项系统工程，涉及多个方面的内容：生态环境建设，包括绿化美化、水体治理、垃圾分类处理等措施，提升城市环境质量；推广清洁能源、循环经济和低碳技术，减少资源浪费；完善基础设施，建设智能化交通系统、绿色建筑和高效的能源供应网络；构建完善的社会保障体系，促进教育、医疗等公共服务均等化；培育生态文化，推动绿色技术创新和应用；区域协同发展，加强城市间合作，推动城乡一体化发展。

生态城市是一种追求人与自然和谐共生的城市发展模式，其内涵丰富且具有前瞻性。通过构建和谐、高效、持续、整体和区域性的生态系统，生态城市不仅能够解决环境污染和资源短缺问题，还能实现社会公平和经济高效发展。未来，随着生态文明战略的深入实施，生态城市建设将成为全球城市发展的重要趋势。

案例分析

生态城市设计是当代城市发展的重要方向，其核心在于通过协调自然环境与人工环境，实现人与自然的和谐共生。这一过程不仅体现了人类对自然的能动性改造，也反映了自然对人类需求的响应。在生态城市设计中，主体和客体、能动性和受动性以及人工自然观的科学和技术基础，构成了其理论与实践的核心内容。

一、主体与客体：生态城市设计中的主客体关系

在生态城市设计中，主体通常指人类及其社会活动，而客体则是自然环境及其生态系统。这种主客体关系并非简单的对立，而是通过人类的能动性作用和自然界的受动性反应共同构建的动态平衡关系。

第一，主体的能动性。人工自然观凸显了人和自然界关系中的主体地位[1]，人类作为主体，通过技术手段、规划理念和文化模式

---

[1] 殷杰,郭贵春.自然辩证法概论(修订版)[M].北京:高等教育出版社,2020:63.

对自然进行改造和利用。例如，在生态城市设计中，人类通过采取绿色建筑、生态修复、可持续交通等措施，主动改善城市环境，促进人与自然的和谐共生。这种能动性不仅体现在物质层面（如建筑材料的选择），还体现在精神层面（如生态美学的融入）。

第二，客体的受动性。自然环境作为客体，其特性受到人类活动的影响，但同时也具有自身的规律性和独立性。例如，城市绿地系统通过吸收二氧化碳、调节气候等方式，对人类活动产生反馈作用。这种受动性不仅表现为被动适应，还可能通过生态系统服务的形式主动为人类提供支持。

第三，主客体的双向互动。主体与客体之间的关系是双向互动的。人类通过能动性改造自然，但同时也需要尊重自然的受动性规律。例如，在生态城市设计中，强调"以人为本"的理念，但不能忽视自然环境的承载力和生态平衡。这种双向互动关系要求人类在设计中充分考虑自然条件和社会需求的统一。

二、能动性与受动性：生态城市设计的动力机制

能动性和受动性是生态城市设计的核心动力机制，它们共同推动了人与自然关系的演进。

第一，能动性的体现。能动性是指人类通过科学技术、政策制定和文化引导等手段主动改变自然环境的能力。例如，生态城市设计中的绿色基础设施（如雨水花园、绿色屋顶）体现了人类对水资源管理和城市热岛效应的主动干预。此外，能动性还体现在对城市空间形态的设计上，通过优化建筑布局和交通网络，提升城市的生态效率。

第二，受动性的体现。受动性是指自然环境对人类活动的反应和适应能力。例如，城市绿地系统通过吸收污染物、释放氧气等方式，对人类活动产生积极反馈。这种受动性不仅体现在生态系统服务上，还体现在自然景观对城市居民心理健康的改善上。

第三，主客体关系的辩证统一。能动性和受动性是辩证统一的。一方面，人类通过能动性改造自然；另一方面，自然通过受动性反馈影响人类。例如，在生态城市设计中，人类通过绿色建筑技术减少能源消耗，但同时也需要考虑建筑材料对生态环境的

影响。这种辩证统一关系要求人类在设计中既要发挥主观能动性,又要尊重自然规律。

三、人工自然观的科学基础与技术基础

人工自然观是生态城市设计的重要理论基础,其科学基础和技术基础共同支撑了这一理念的实现。

第一,科学基础。人工自然观认为,人工自然界是人类通过科学技术手段创造出来的相对独立的自然界。这一观点强调了人工自然界既有天然自然的属性,又有社会属性。例如,在生态城市设计中,人工环境(如建筑、道路)与自然环境(如绿地、水体)相互作用,形成了一个动态平衡的人工生态系统。

人工自然观还强调了系统自然观的重要性。系统自然观认为,自然是一个开放的动态系统,其内部各要素之间相互联系、相互作用。在生态城市设计中这种系统观念要求设计师从整体出发,考虑城市生态系统中的能量流动、物质循环和信息传递。

第二,技术基础技术基础是人工自然观的具体实现手段。例如,在生态城市设计中,太阳能发电、风能发电等可再生能源技术的应用体现了对自然资源的高效利用。此外,生态修复技术(如湿地恢复、土壤改良)和绿色建筑材料(如再生混凝土)的应用,则体现了对生态环境的保护和改善。

在技术层面,人工智能和大数据技术的应用也为生态城市设计提供了新的可能性。例如,通过机器学习算法优化城市交通流量、预测能源需求等,可以实现更高效的资源利用和更可持续的城市发展。

生态城市设计体现了人工自然界历程中的主体与客体、能动性与受动性的辩证统一关系。在这一过程中,人类通过科学技术手段主动改造自然,同时尊重自然界的独立性和规律性。人工自然观的科学基础和技术基础为生态城市设计提供了理论指导和实践支持。未来,随着科技的进步和社会的发展,生态城市设计将继续深化人与自然和谐共生的理念,推动全球可持续发展目标的实现。

参考文献

[1]南风窗传媒智库.加快打造生态城市的"软实力"[N].经济日报,2018-12-27(16).

[2]宫留记,冯天雨.主体能动性与受动性的关系——以《自然辩证法》为例[J].自然辩证法研究,2020,36(11):118-123.

拓展阅读

[1]马跃华.厦门筼筜湖:高颜值生态花园城市的"会客厅"[N].光明日报,2022-06-20(004).

[2]赵兵,朱佩娴,向子丰.打造绿色城市,让大自然触手可及[N].人民日报,2024-10-21(007).

[3]周珊珊.让城市展现生态魅力[N].人民日报,2022-03-15(005).

第二章

技术的认识论革命
——马克思主义科学技术观

恩格斯《英国工人阶级状况》
——理解和把握马克思主义科技观的重要著作

摘要：恩格斯在《英国工人阶级状况》中，通过深入剖析19世纪中叶英国工业革命时期工人阶级的生存境遇，系统阐述了科学技术在资本主义制度下的双重性。恩格斯在该书中强调，技术进步在资本主义制度下沦为资本剥削的工具，加剧了社会不平等和劳动异化。该书是马克思主义理论体系形成过程中的里程碑式著作，不仅揭示了资本主义生产方式的本质矛盾，还开创了马克思主义"从具体到抽象"的实证研究路径，为后续《资本论》的写作提供了重要素材对于研究马克思主义发展史和基本原理具有重要价值。

关键词：恩格斯；工业革命；工人阶级状况

案例描述

恩格斯《英国工人阶级状况》是马克思主义理论体系形成过程中具有里程碑意义的实证研究著作，通过对19世纪中叶英国工业革命时期工人阶级生存境遇的深度剖析，不仅揭示了资本主义生产方式的本质矛盾，更以历史唯物主义方法论为基础，系统阐述了科学技术在资本主义制度下的双重性——既是推动生产力革命的物质力量，又是加剧社会不平等的异化工具。

该书的写作背景与工业革命的技术跃迁密不可分，恩格斯在1842—1844年间深入曼彻斯特的工厂与贫民窟，以参与式观察法对英国曼彻斯特工人阶级的悲惨生活际遇进行21个月的观察后，于1845年出版了该著作，他开创性地将社会调查与哲学批判相结合，其核心内容聚焦于工业技术革新如何重构社会关系、劳动异化的具体形态以及无产阶级解放的历史必然性。1764年，英国织工哈格里沃斯研制出珍妮纺纱机械，其采用人力手摇驱动方式，使纺纱效率较传统设备提升八倍。这项革新不仅大幅削减了纺织作坊的劳动力需求，更推动纱线价格显著下降，间接带动织工薪酬水平提升。而后，随着走锭精纺机、梳棉整理机及粗纺加工设备的相继问世，工厂化生产模式彻底取代传统作坊，确立了其在棉纺织业中的绝对主导地位。生产工具的持续革新与工厂体系的制度化建设，共同催生了行业生产力的跨越式发展。特别值得注意的是，当蒸汽动力装置开始应用于纺纱机械驱动，这场能源革命最终引发了整个纺织工业体系的根本性变革，但这种技术进步的成果完全被资产阶级垄断，工人的工资和实际购买力下降，工人阶级陷入"劳动强度与贫困程度同步增长"的悖论。

恩格斯特别关注到机器生产对劳动过程的异化，纺织工人从掌握完整技艺的手工业者沦为只需监控纱线断裂的"活体零件"，平均每名工人需同时操作四台织机，神经持续高度紧张导致工伤率激增，这种肉体与精神的双重摧残印证了马克思后来在《1844年经济学哲学手稿》中提出的"异化劳动"理论。工人阶级的生存状况以触目惊心的细节呈现：曼彻斯特工人住宅区的空间异常拥挤，污水横流的环境导致伤寒与肺结核流行，不仅使用童工而且每天的工作时间都很长,恩格斯曾在书中对"工业工人"有这样的描述:"他们几乎全都身体衰弱,骨瘦如柴,毫无力气,面色苍白。"① 这些情况来自恩格斯的实地调查,包括他记录到酒精占据工人家庭支出的大部分,工人因为缓解痛苦普遍酗酒,形成"贫困-酗酒-生产效率下降-更深度贫困"的恶性循环,这种从经济剥削到精神压迫的全方位分析,突破了古典经济学仅关注工资与利润关系的局限,为马克思主义的阶级斗争理论提供了经验支撑。

在技术批判维度,恩格斯深刻揭示了资本主义制度对科技价值的扭曲。蒸汽机作为工业革命的象征,本应成为"减轻人类劳动负担的工具",但在资本逻辑下却异化为"压榨工人的手段",曼彻斯特纺织厂通过蒸汽动力机械系统将劳动效率提升至人体极限,工人每日进行极高强度的劳作,却仅获得维持基本生存的报酬。这种异化不仅存在于生产领域,更渗透至城市空间的生产与分配,资产阶级通过精心规划将工厂区、工人住宅区与富人区进行空间隔离,曼彻斯特的贫民窟被设计成"迷宫式结构",既降低土地成本又便于监控工人流动,而艾尔河因工业废水排放变成"沥青般的黑色河流",这种生态环境的恶化本质上是资本对自然与劳动力的双重剥削。恩格斯并未止步于现象描述,而是进一步剖析技术异化的制度根源,他指出资产阶级通过专利垄断将技术创新转化为阶级统治工具,这种批判为后来法兰克福学派的技术理性批判提供了思想源头。

案例分析

恩格斯在《英国工人阶级状况》中,以工业革命时期的英国为样本,深刻揭示了资本主义制度下科技发展与社会结构的内在矛盾,系统论证了科技发展与社会制度的辩证关系,在马克思主义科学技术观发展历程中具有重要地位,是我们研究马克思主义发展史、马克思主义基本原理的一部重要文献。

恩格斯通过实地调查,展现了工业革命的技术进步如何沦为资

---

① 马克思恩格斯文集(第1卷)[M].北京:人民出版社,2009:418.

本剥削的工具。他指出，蒸汽机、动力织机等发明虽极大提升了生产力，但资本主义私有制却将技术转化为压迫工人的手段。工厂主通过延长劳动时间、强化劳动强度、细化分工等方式，将工人异化为机器的附属物。童工在纺织厂中每日工作长达数十小时，工人因长时间操作机器而肢体变形，技术进步的成果被资本家独占，工人却陷入绝对贫困化。这种技术异化现象，印证了马克思主义关于"技术是社会关系的物质载体"的论断——技术本身无阶级性，但在资本主义生产关系中，科技成为巩固资本统治、加剧阶级对立的工具。

该著作的理论贡献还体现在方法论层面的创新。恩格斯摒弃了黑格尔哲学的思辨传统，开创了"从经济事实出发"的实证研究范式，突破了空想社会主义对资本主义的抽象批判，以工人收入、居住条件、疾病死亡率等大量社会学调查数据和文学描写进行刻画，将微观调查与宏观结构相结合，为后来的世界体系理论提供了雏形，奠定马克思主义社会批判理论的实证基础，开创了马克思主义"从具体到抽象"的研究路径，为后续《资本论》中"机器论片段"的写作提供了实证素材；揭示了科技作为"资本增值手段"的本质，指出资本主义生产方式通过技术革新不断突破"必要劳动时间"的界限，使相对剩余价值生产成为可能，推进了政治经济学批判的深化。通过暴露技术异化对工人身心健康的摧残，成为唤醒无产阶级阶级意识的重要文本，阶级意识觉醒的催化剂，推动了国际工人运动的兴起。

《英国工人阶级状况》不仅是一部19世纪的社会调查报告，更是马克思主义科学技术观的"元文本"。它警示我们：技术革命具有双重性，生产力解放与异化风险始终存在，唯有通过社会制度变革才能实现"技术向善"。数字资本主义时代的技术异化呈现出新形态：算法监控通过数据采集精确量化劳动绩效，外卖骑手在平台系统的调度下面临比19世纪纺织工人更严苛的时间控制；零工经济以"灵活就业"之名消解劳动保障；自动化导致发展中国家多个低技能岗位面临消失风险。面对这些新挑战，恩格斯的技术批判思想提供了分析工具：必须将技术伦理问题置于生产关系框架下审视，同时，书中倡导的实证研究方法论在当代中国实践中得到继承与发展，脱贫攻坚期间的"精准扶贫"调查、发展建设中的需求调研，都体现了"从实践中来，到实践中去"的马克思主义方法论精髓。可见在当代语境下，《英国工人阶级状况》的批判维度仍具有现实意义。

参考文献

[1]马克思恩格斯文集(第1卷)[M].北京:人民出版社,2009:418.

[2]舒小昀.从能源角度分析《英国工人阶级状况》[J].学海,2015,(04):179-183.

拓展阅读

[1]张雷声.恩格斯关于英国工人阶级状况的研究——读恩格斯的《英国工人阶级状况》[J].思想理论教育导刊,2015,(09):16-20.

[2]刘海霞.恩格斯工人阶级职业健康思想及其跨时代启示——再读恩格斯的《英国工人阶级状况》[J].山东社会科学,2021,(07):58-66.

能量守恒定律
——科学界的唯物辩证法

摘要：恩格斯对能量守恒定律的哲学分析，深刻体现了自然科学的基本观点和内容。他从普遍性与辩证性、物质与运动的不可分割性、自然科学的辩证方法论等四个方面全面阐述了能量守恒定律的意义。首先，恩格斯通过能量守恒定律的分析揭强调自然界的变化是相互联系、相互转化的；其次，他明确物质与运动的不可分割性；再次，恩格斯提出自然科学的研究必须运用辩证法的方法；最后，他通过历史视角分析能量守恒定律的发展过程，强调其在自然科学中的重要地位。恩格斯的分析不仅为自然科学提供了哲学基础，还推动了整体性科学思维的发展。

关键词：能量守恒定律；辩证唯物主义；自然科学；辩证方法论

> **案例描述**

恩格斯对能量守恒定律的哲学分析，深刻体现了自然科学的观点和内容，从以下四个方面可以具体阐述。

一、能量守恒定律的普遍性与辩证性

能量守恒定律是自然科学中的一项基本规律，其普遍性体现在自然界各种形式的能量（如机械能、热能、电能等）在一定条件下可以相互转化，但总能量保持不变。这一规律不仅适用于宏观世界，也适用于微观领域，从天体运动到原子核反应，均遵循这一原则。恩格斯高度评价了能量守恒定律的重要性，认为它是自然科学三大发现之一，与细胞学说和进化论共同奠定了自然科学的基础。

恩格斯进一步指出，能量守恒定律揭示了自然界中物质运动形式的多样性和统一性。他强调，能量守恒不仅在量上表现为守恒，而且在质上表现为各种运动形式之间的相互转化能力。这种转化能力是客观事物本身所固有的，是不可丧失的。因此能量守恒定律不仅是自然科学的普遍规律，也是辩证唯物主义的重要哲学基础。它表明自然界的一切变化和运动都是相互联系、相互转化的，体现了辩证法的普遍性原则。

恩格斯还批判了形而上学机械论的观点，认为机械论将物质运动简单化、孤立化，忽视了运动形式之间的内在联系。而能量守恒定律则通过揭示各种运动形式的相互转化关系，否定了机械论的绝对静止观和孤立观。例如，他指出，任何一种运动形式都可能转化为其他形式，并且这种转化的可能性是永恒存在的。这不仅证明了自然界运动的统一性，也表明了辩证法在自然科学中的应用价值。

二、物质与运动的不可分割性

恩格斯在《自然辩证法》中明确指出，物质和运动是不可分割的。物质是运动的存在形式，而运动则是物质的基本属性。能量守恒定律进一步深化了这一观点，表明物质的运动形式可以通过能量的转化而实现。机械能可以转化为热能或电能，而这些能量又可以重新转化为机械能。这种转化过程不仅体现了物质运动形式的多样性，也表明了物质和运动之间的密切联系。

恩格斯强调，能量守恒定律揭示了物质运动的积极主动方面。他指出，能量不仅是物质运动量的度量，更是各种运动形态之间转化关系的表现。这种观点突破了传统物理学中对力和能量的机械理解，将能量视为一种动态的、可转化的实体。例如，在化学反应中，原子的能量状态发生变化，从而导致化学键的断裂和形成。这种现象表明，物质的运动形式是通过能量的转化而实现的。

恩格斯还通过能量守恒定律批判了唯心主义和形而上学的观点。他认为，唯心主义试图将物质运动视为某种神秘力量的结果，而形而上学则试图将物质运动孤立化、静止化。而能量守恒定律则表明，物质运动是统一的整体，是通过能量的转化而实现的。他指出，"宇宙中的一切运动都可以归结为一种形式向另一种形式不断转化的过程"。这种观点不仅否定了唯心主义和形而上学的错误观点，也为自然科学提供了新的研究方法。

三、自然科学的辩证方法论

恩格斯在《自然辩证法》中提出，自然科学的研究必须运用辩证法的方法，辩证法是自然科学普遍有效且唯一正确的方法。能量守恒定律正是运用辩证法方法得出的科学结论。恩格斯强调，自然科学的研究不仅要关注事物的数量关系，还要关注事物的质量关系。

恩格斯认为，自然科学的研究必须从整体出发，关注事物之间的联系和相互作用。在研究电池中的电流来源时，恩格斯运用辩证法方法将电池、电解槽等不同装置的整体性和局部性结合起来进行分析。这种方法不仅有助于揭示事物的本质规律，也有助于推动自然科学的发展。

恩格斯还强调，自然科学的研究必须从历史的角度出发，关注事物的发展变化过程。在研究能量守恒定律的发展历程时，恩格斯指出，从笛卡尔的"力的不灭"到迈尔和焦耳的实验验证，能量守恒定律经历了长期的发展过程，这种历史视角不仅有助于理解科学发现的过程,也有助于推动科学理论的进步。

四、自然科学的辩证方法论的具体应用

恩格斯在《自然辩证法》中详细阐述了辩证法在自然科学中的具体应用。他认为,自然科学的研究必须运用辩证法的方法来分析事物的本质和规律。在研究能量守恒定律时恩格斯运用辩证法方法,将能量视为一种动态的、可转化的实体,并揭示了各种运动形式之间的相互转化关系。

恩格斯还指出,自然科学的研究必须关注事物之间的对立统一关系。在研究热力学第二定律时,他指出,宇宙中的熵增过程与熵减过程是相互对立、相互统一的。这种对立统一关系不仅揭示了自然界的基本规律,也为自然科学提供了新的研究方法。

恩格斯强调,自然科学的研究必须关注事物的发展变化过程。在研究能量守恒定律的发展历程时,他指出,从笛卡尔的"力的不灭"到迈尔和焦耳的实验验证,能量守恒定律经历了长期的发展过程。这种历史视角不仅有助于理解科学发现的过程,也有助于推动科学理论的进步。

恩格斯对能量守恒定律的哲学分析深刻体现了自然科学的观点和内容。他从普遍性与辩证性、物质与运动的不可分割性、自然科学的辩证方法论等方面全面阐述了能量守恒定律的意义和价值。恩格斯不仅揭示了自然界中物质运动形式的多样性和统一性,还批判了形而上学机械论和唯心主义的观点。他强调,自然科学的研究必须运用辩证法的方法来分析事物的本质和规律,并关注事物之间的对立统一关系和发展变化过程。这些观点不仅为自然科学提供了新的研究方法,也为哲学提供了新的理论基础。

案例分析

恩格斯在《自然辩证法》中对能量守恒与转化定律的分析,不仅揭示了自然科学的深刻规律,还从哲学的高度为自然科学提供了重要的理论基础,并推动了整体性科学思维的发展。以下将从五个方面详细论述恩格斯在此方面的贡献。

一、为自然科学提供哲学基础

恩格斯通过能量守恒与转化定律的分析，确立了辩证唯物主义自然观的基础。他指出，能量守恒与转化定律不仅是自然科学的基本规律，更是唯物主义自然观的重要支柱。这一理论突破了形而上学机械论的局限，将自然界的运动和变化提升到辩证法的高度，强调了自然界中各种运动形式的相互联系和转化关系[1]。"科技工作者之所以离不开哲学，还在于科学研究是一种认识活动，它所要揭示的对象的本质和规律，必须通过理论思维才能达到这就自然地与哲学发生紧密的联系。"[2] 恩格斯明确指出，能量守恒与转化定律否定了形而上学中永恒不变的观念，证明了自然界是一个普遍联系且不断变化的整体，从而奠定了辩证唯物主义自然观的哲学基础。

二、推动整体性科学思维

恩格斯在分析能量守恒与转化定律时，强调了自然科学各门类之间的联系与统一性。他指出，能量守恒与转化定律不仅揭示了不同自然现象之间的内在联系，还表明自然界是一个有机的整体，各部分之间相互作用、相互影响。这种观点促使科学家们从整体的角度看待自然现象，推动了整体性科学思维的发展。恩格斯还通过联系与发展的眼光，将自然科学的成果整合为一个整体，形成了自然哲学的理论体系。

三、批判科学中的形而上学倾向

恩格斯和那些科学家的区别在于，恩格斯更注重定律表明的自然界各种运动形态的转化和联系的意义，从而更明确物质普遍联系和存在形式的多样[3]。恩格斯通过能量守恒与转化定律的分析，

---

[1] 吴延涪.恩格斯论能量守恒与转化定律及其哲学意义[J].教学与研究,1962,(03):11-14.
[2] 殷杰,郭贵春.自然辩证法概论(修订版)[M].北京:高等教育出版社,2020:89.
[3] 王珏.能量守恒定律的发现其及影响述略[J].西南民族学院学报(哲学社会科学版),1990,(06):6-10.

批判了自然科学中长期存在的形而上学倾向。他指出，18 世纪的科学家们往往孤立地看待物质的各种运动形式，忽视了它们之间的相互转化关系。能量守恒与转化定律的发现则彻底打破了这种孤立、静止的研究方法，揭示了自然界中各种运动形式的统一性和多样性。此外，恩格斯还批判了克劳修斯的"热寂说"，进一步证明了自然界中运动不灭性的原理。

四、促进科学实践与哲学的结合

恩格斯强调，自然科学的发展离不开哲学的指导，而哲学也需要以自然科学的实证知识为基础。他通过能量守恒与转化定律的分析，展示了自然科学成果如何为哲学提供理论依据，并推动哲学的进步。例如，能量守恒与转化定律不仅澄清了许多混乱的"力"的概念，还为自然科学中的概念提供了确切的物理意义。恩格斯认为，科学哲学应当以自然科学为中介，揭示自然界的辩证法，从而实现科学与哲学的有机结合。

五、预见科学发展的历史性

恩格斯通过对能量守恒与转化定律的分析，预见了自然科学发展的历史趋势。他认为，能量守恒与转化定律不仅是自然科学的基础性规律，也是推动科学发展的动力源泉。这一发现标志着科学史新时代的开始，并为后续科学技术的发展奠定了理论基础。恩格斯还指出，随着科学技术的进步，人类对自然的认识将更加深入，自然科学也将不断拓展新的领域和方向。

恩格斯在《自然辩证法》中对能量守恒与转化定律的分析，不仅揭示了自然科学的基本规律，还从哲学的高度为自然科学提供了理论基础，并推动了整体性科学思维的发展。他的思想不仅批判了形而上学倾向，还促进了科学实践与哲学的结合，并预见了科学发展的历史性。这些贡献使得恩格斯的能量守恒与转化定律分析成为自然科学史上的重要里程碑。

参考文献

[1]刘冠军.关于恩格斯运动转化守恒性原理的历史考察[J].晋阳学刊,1999,(03):26-29.

[2]吴延涪.恩格斯论能量守恒与转化定律及其哲学意义[J].教学与研究,1962,(03):11-14.

[3]王珏.能量守恒定律的发现其及影响述略[J].西南民族学院学报(哲学社会科学版),1990,(06):6-10.

拓展阅读

[1]王珏.能量守恒定律的发现其及影响述略[J].西南民族学院学报(哲学社会科学版),1990,(06):6-10.

[2]郭振华,李东,郭应焕.能量转换与守恒定律的发现[J].宝鸡文理学院学报(自然科学版),2012,32(04):40-46.

元宇宙技术
——重塑在线教育的实践路径

摘要：元宇宙作为虚拟现实技术的高阶形态，正在深刻重构在线教育的生态体系。通过整合 VR/AR/MR、5G 通信、人工智能和数字孪生等前沿技术，元宇宙构建了一个虚实融合的沉浸式学习环境，打破了传统教育的时空限制。其在课程资源、教学方式和评价体系三个维度实现了革新：三维立体课程取代平面内容；社会化协作和虚拟仿真实验拓展教学边界；数据驱动的个性化评价提升学习效果。未来，随着脑机接口和 5G 技术的突破，元宇宙将进一步推动教育向智能化、个性化和公平化方向发展，重塑师生角色与教育价值。

关键词：元宇宙；在线教育；虚拟现实

案例描述

在数字化浪潮席卷全球的今天,"元宇宙"这一概念正以前所未有的速度重塑着人类社会的方方面面。作为虚拟现实技术的高阶形态,元宇宙正在教育领域掀起一场深刻的变革。本文将系统探讨元宇宙如何通过其独特的技术优势重构在线教育的生态体系,并展望这一融合带来的未来发展前景。

元宇宙的核心属性是打造了一个融合虚拟与现实的数字化空间。从技术角度而言,它融合了 VR/AR/MR、5G 通信、人工智能、数字孪生等众多尖端技术,构建出一个极具沉浸感且开放共享的数字领域。元宇宙并非只是对虚拟环境的简单模仿,而是借助数字孪生技术塑造了一个既基于现实又超越现实的平行世界。在这个世界中,学习者借助穿戴设备、脑机接口等交互技术,能够获得仿佛置身其中的学习体验,而区块链技术的运用有效保障了学习过程的安全性与可追溯性。

在技术架构方面,元宇宙教育平台呈现出鲜明的层次性特征。底层由 5G 网络和云计算提供强大的算力支持,中间层通过人工智能算法实现智能交互,应用层则呈现出多样化的教育场景。这种技术架构不仅保证了大规模用户同时在线学习的流畅性,更为个性化学习提供了坚实的技术基础。尤为关键的是,元宇宙打破了传统在线教育的时空限制,学习者可以通过唯一的数字身份在不同学习场景中自由切换,实现线上与线下学习的无缝衔接。

元宇宙对在线教育的革新主要体现在三个重要维度。

第一,在课程资源方面,传统的二维平面内容正在被三维立体的沉浸式课程所取代。这种新型课程资源具有显著特点:课程内容可通过旋转、缩放、拆分等操作进行具象化展示;课程架构支持个性化定制和场景重组;师生互动数据可实时反馈用于课程优化。

第二,在教学方式上,元宇宙带来了前所未有的创新可能。社会化教学模式允许身处异地的学习者通过虚拟化身在共享空间中开展协作学习;融课堂教学模式利用全息投影等技术实现了真实课堂的虚实融合;实验教学模式则通过虚拟仿真技术为高风险实验提供了安全的替代方案。这些创新模式不仅拓展了教学的可能性边界，更重新定义了师生互动的本质。

第三，在教学评价方面，元宇宙平台能够完整记录学习者的行为轨迹和交互数据。通过人工智能算法的深度分析，这些数据可以转化为精准的学习诊断报告，为教师调整教学策略提供科学依据。这种数据驱动的评价方式突破了传统评价的局限性，使个性化学习指导成为可能。

未来，元宇宙与在线教育的融合发展将呈现三大趋势：在技术层面上，随着脑机接口等技术的突破，学习体验将实现质的飞跃；在应用层面上，5G网络的普及将显著降低技术门槛；在教育生态层面上，去中心化的特性将促进教育资源的公平分配。

从宏观的视角来看，元宇宙与在线教育的融合代表着教育数字化转型的深层演进。这种变革不仅仅是技术手段的更新换代，更是教育理念和模式的根本性重构。当虚拟与现实、线上与线下的界限逐渐模糊，教育的时空维度被彻底重塑时，我们需要重新思考教育的本质与价值。

在当前这场教育变革浪潮中，教师的角色正经历着一场深刻的变革。他们不再仅仅是知识的单向输出者，而是要转变为学习环境的精心设计者、学习过程的有效引导者以及学习体验的共同创造者。这一角色的转变对教师的专业发展提出了全新的挑战和要求，迫切需要构建一套与之相适应的新型教师培养体系，以满足教育变革对教师综合素质的新需求，助力教师更好地适应新的教育生态。

当前，元宇宙教育的发展仍处于起步阶段，但其展现的潜力已不容忽视。可以预见，在不远的将来，元宇宙将成为教育创新的重要驱动力，推动全球教育向更加智能化、个性化、公平化的方向发展。这一进程虽然充满挑战，但其带来的教育可能性值得我们期待和探索。

案例分析

元宇宙作为虚拟现实技术的高阶形态，正在深刻重构在线教育的生态体系。这一变革不仅体现了技术发展的前沿趋势，更揭示了科学技术的本质特征。

一、技术的自然性与社会性：元宇宙教育的技术基础与社会需求

从自然性来看，元宇宙整合了 VR/AR/MR、5G 通信、人工智能、数字孪生等多项技术，这些技术均以自然规律为基础。VR 技术依赖于光学和计算机科学的原理，5G 通信则基于电磁波传播的物理特性。正如马克思所言，技术是"人对自然界的理论关系和实践关系"[①]，数字孪生技术通过模拟现实世界的物理过程，进一步体现了技术对自然规律的依赖。

从社会性来看，元宇宙教育的发展源于社会对教育创新的需求。传统的在线教育受限于时空和交互方式，难以满足个性化学习的需求，而元宇宙通过沉浸式体验和虚实融合的场景，回应了这一社会诉求。元宇宙教育的社会性还体现在其开放共享的特性上，学习者可以通过唯一的数字身份在不同场景中自由切换，这反映了技术对社会关系的重塑作用。

二、技术的物质性与精神性：元宇宙教育的双重属性

元宇宙在线教育技术既具有物质性，又具有精神性。

从物质性来看，元宇宙依赖于穿戴设备、脑机接口等硬件设施，这些是技术实现的物质基础。马克思将劳动资料视为生产的骨骼系统和肌肉系统，而元宇宙中的硬件设备正是现代教育生产的骨骼和肌肉。VR 头显和触觉反馈设备延长了学习者的感官功能，使其能够"触摸"虚拟物体，从而增强学习体验。

从精神性来看，元宇宙教育是一种运用于实践的科学。它不仅提供物质工具，还包含教学方法、课程设计等知识体系。元宇宙

---

① 马克思恩格斯文集(第 1 卷)[M].北京:人民出版社,2009:350.

中的三维立体课程和个性化学习路径，体现了技术作为操作方法的知识的精神属性。同时，人工智能算法对学习数据的分析，进一步将技术的精神性提升到新的高度。这种物质性与精神性的统一，使得元宇宙教育既能提供沉浸式体验，又能实现智能化指导。

三、技术的中立性与价值性：元宇宙教育的伦理考量

技术的中立性与价值性在元宇宙教育中表现得尤为明显。

从中立性来看，元宇宙技术本身是一种工具，其价值取决于使用者的目的。虚拟仿真技术可以用于高风险实验的安全模拟，也可以被滥用为逃避现实的工具。技术中立论认为技术是方法论意义上的工具和手段，但元宇宙的实际应用却无法完全脱离价值判断。

从价值性来看，元宇宙教育蕴含着明确的价值取向。区块链技术确保学习数据的安全性和可追溯性，体现了对隐私和公正的追求；社会化教学模式促进协作学习，反映了对集体智慧的重视。

四、技术的主体性与客体性：师生角色的重构

元宇宙教育中，技术的主体性与客体性共同作用，重塑了师生角色。

从主体性来看，教师和学习者的知识、经验、技能是技术活动的核心。教师不再是知识的单向传授者，而是转变为学习环境的设计者和引导者；学习者则通过主动探索和交互，成为知识的建构者。

从客体性来看，元宇宙平台作为技术客体，为师生互动提供了物质支持。全息投影技术实现了真实课堂的虚实融合，人工智能算法提供了精准的学习诊断。技术的主客体统一使得元宇宙教育既能发挥人的能动性，又能依托物质工具实现高效学习。

五、技术的跃迁性与累积性：元宇宙教育的演进趋势

元宇宙教育的发展既具有跃迁性，又具有累积性。

从跃迁性来看，元宇宙代表了教育技术的重大飞跃。脑机接口技术的突破可能彻底改变学习方式，使"意念控制"学习成为现

实,这种去中心化的教育生态可能打破传统教育资源分配的不平等。

从累积性来看,元宇宙教育并非完全颠覆传统,而是在原有技术基础上的融合与创新。虚拟仿真技术继承了传统实验教学的核心理念,三维立体课程则是对二维平面内容的升级。技术的累积性使得元宇宙教育能够兼容多种教学模式,形成多层次、多元化的教育体系。

未来,元宇宙教育的发展需要在技术创新的同时,关注其社会影响和伦理价值。马克思关于科学"双刃剑"作用的警示提醒我们,既要充分利用技术推动教育进步,又要防范其潜在风险。只有将技术的自然属性与社会属性、物质功能与精神价值有机结合,才能实现元宇宙教育的可持续发展,为全球教育变革注入新的动力。

参考文献

[1]刘革平,王星,高楠,等.从虚拟现实到元宇宙:在线教育的新方向[J].现代远程教育研究,2021,33(06):12-22.

[2]马克思恩格斯文集(第1卷)[M].北京:人民出版社,2009.

[3]顾小清,宛平,王龚.教育元宇宙:让每一个学习者成为主角[J].华东师范大学学报(教育科学版),2023,41(11):13-26.

拓展阅读

[1]蒋瑜洁,关昕.日本元宇宙产业的发展现状、推进机制与经验借鉴[J].现代日本经济,2024,43(06):50-67.

[2]王苇琪.教育元宇宙的伦理隐忧及其消解之策——基于伯格曼的技术哲学视角[J].中国人民大学教育学刊,2024,(03):121-132.

[3]朱晓青.元宇宙思想政治理论课课堂的空间转换逻辑[J].思想理论教育,2023,(08):74-79.

三体计算星座
——开启全球"太空计算时代"新篇章

摘要："三体计算星座"是中国之江实验室联合全球合作伙伴发起的一项创新性太空计算计划,旨在通过将算力和人工智能送上太空,构建全球首个整轨互联的天基智能计算基础设施。该项目于2025年5月14日在酒泉卫星发射中心成功发射首批12颗计算卫星,标志着太空计算时代的到来。星座计划通过在轨实时处理数据,解决传统地面数据处理模式效率低、时效性差等问题,显著提升数据利用率和处理能力。这一项目不仅推动了太空计算技术的发展,还为全球数字经济和科技竞争提供了重要参考。

关键词:太空计算;三体计算星座;人工智能;实时处理;整轨互联

> **案例描述**

在科技飞速发展的今天，传统的地面数据处理模式逐渐暴露出效率低下、时效性差等问题。为解决这一瓶颈，中国之江实验室联合全球合作伙伴，提出并实施了"三体计算星座"计划。这一项目旨在通过将算力和人工智能送上太空，构建一个全新的太空计算基础设施，从而实现"天算合一"的目标。

一、准备工作与技术突破

早在2024年11月，之江实验室就对外宣布启动了"三体计算星座"项目，并且在乌镇世界互联网大会上向外界展示了该项目的规划。该项目是之江实验室联合全球众多合作伙伴共同打造的，旨在构建一个规模达到千星的天基智能计算基础设施，预计建成后其总算力能够达到1000POPS（每秒百亿亿次运算）[1]。经过长达一年的不懈努力，团队成功突破了太空计算系统的关键技术，包括星载智能计算机、星间激光通信机、星载高速路由器等。这些技术的突破为后续的发射任务奠定了坚实基础。

在卫星正式发射之前，科研团队精心组织并开展了多次地面测试以及模拟实验，目的就是为了确保卫星能够在太空那种极端恶劣的环境中保持稳定可靠的运行状态。在卫星的生产制造过程中，团队巧妙地运用了3D打印技术，并且选用了多孔合金材料，这样一来，不仅大幅缩短了卫星的生产周期，还有效降低了生产成本。这些举措使得"三体计算星座"项目从最初的一个构想，逐步走向了现实，为后续的发射和组网工作奠定了良好的基础。

二、成功发射与实验团队

2025年5月14日，中国在酒泉卫星发射中心，借助长征二号丁运载火箭，顺利地将首批12颗计算卫星精准送入了预定轨道[2]。此次发射标志着我国首个整轨互联的太空计算星座正式进入组网

---

[1] 赵广立."三体计算星座"把人工智能送上天[N].中国科学报,2025-05-21(003).
[2] 同上。

阶段。参与此次任务的科研团队由 200 多名科学家组成[1]，由之江实验室牵头，联合国内民营航天企业国星宇航、激光通信技术公司氦星光联等共同完成，他们以 100 万行代码完成了卫星的编程和调试工作。

三、三体计算星座的定义与能力

"三体计算星座"并非传统意义上的卫星群，而是全球首个整轨互联的太空计算基础设施。其名称来源于牛顿著名的"三体问题"，象征着多方主体协同工作的复杂性。星座由多颗具备强大计算能力的卫星组成，能够直接在太空中完成数据处理任务，而无需依赖地面站。

星座的计算能力极为强大，单星算力达到 0.74POPS（每秒百亿亿次运算），整个星座建成后总算力可达 1000POPS（每秒百亿亿次运算）[2]，这些强大的计算能力使得星座能够快速响应地面需求，显著提升数据处理效率。

四、研究原因与发射目的

为何要把算力"送上天"？中国工程院院士、之江实验室主任王坚认为，目前太空中的算力资源是远远不能满足卫星对于算力的庞大需求，并且还存在诸多棘手的问题，例如数据难以完整地传输回地面，大量的数据是无效的，数据的时效性也差强人意。以往传统的卫星运行模式是采用"天感地算"，即先采集数据再传回地面处理，但这种方式存在诸多问题：数据传输效率低、时效性差、地面站资源有限等。相比之下，"三体计算星座"通过在轨计算和星间互联，实现了数据的实时处理和分析。

星座的发射还旨在推动人工智能在太空的应用。通过将算力和 AI 送上太空，"三体计算星座"不仅解决了传统卫星的数据瓶颈问题，还为深空探测、应急救灾、低空经济等领域提供了实时决策支持。

---

[1] 赵广立."三体计算星座"把人工智能送上天[N].中国科学报,2025-05-21(003).
[2] 同上。

五、科技发展贡献与社会影响

"三体计算星座"的成功发射开启了太空计算的新时代，为我国在全球科技竞争中占据领先地位奠定了基础。星座的建成将使我国在深空探测、气象监测、环境保护等领域具备更强的技术支撑能力。

从长远来看，"三体计算星座"还将推动数字经济的高质量发展。其低能耗、可持续的特点使其未来维护成本远低于传统地面设施。此外，星座的技术突破也为全球太空计算的发展提供了重要参考，有望引领国际太空规则的制定。

"三体计算星座"的成功发射在国内开创了五个"第一次"：第一次实现整轨卫星互联，第一次实现所有卫星的天基模型加载和数据处理，第一次实现卫星的异轨激光接入，第一次通过"共商共建共享共发展"的方式构建一个全新星座，第一次使用3D打印的方式研发一颗卫星。

"三体计算星座"不仅是技术上的创新，更是理念上的突破。它将算力从地面解放到太空，彻底改变了人类探索宇宙的方式。随着更多卫星的发射和星座功能的完善，"三体计算星座"必将在科技发展和社会生活中发挥越来越重要的作用，为人类带来更广阔的可能性。

案例分析

"三体计算星座"项目是中国之江实验室联合全球合作伙伴共同发起的一项创新性太空计算计划，其核心目标是通过将算力和人工智能送上太空，构建一个全新的天基智能计算基础设施，从而实现"天算合一"的目标。这一项目不仅体现了科学技术作为人类实践活动的产物，还展现了其革命属性、客观性与主观性的统一，以及现代技术形态的演进。

一、科学技术是人类实践活动的产物

"三体计算星座"计划的提出和实施，源于对传统地面数据处理模式效率低下、时效性差等问题的深刻认识。传统卫星依赖"天感地算"的模式,即先采集数据再传回地面处理,但这种方式存在数据传输效率低、时效性差、地面站资源有限等问题。为解决这些问题,之江实验室联合全球合作伙伴,通过深入研究和技术攻关,成功突破了星载智能计算机、星间激光通信机等关键技术,并最终实现了整轨互联的太空计算星座。这些技术突破并非单纯的理论推导,而是基于航天工程经验、材料科学实验和计算机模拟等多维度实践活动的产物。这一过程充分体现了科学技术作为人类实践活动的产物,是人类为解决实际问题而进行的创造性活动的结果。

二、科学技术是一种在历史上起推动的、革命的力量

"三体计算星座"计划的成功发射标志着太空计算时代的到来。该项目通过在轨实时处理数据,突破了传统卫星数据传输的瓶颈,实现了数据的即时分析和处理。太阳科学实验卫星每天生成约500G的观测数据[1],在传统模式下仅有不到十分之一的数据能有效传回地面,而星座则能在太空中直接处理这些数据,大幅提高了数据利用率。星座还搭载了80亿参数的天基模型[2],支持多源异构数据的协同处理,进一步提升了数据处理效率。

三、科学技术是客观性与主观性的统一

"三体计算星座"计划的成功实施,体现了科学技术的客观性与主观性的统一。一方面,该项目基于对太空计算需求的客观分析,通过技术创新解决了传统卫星数据处理效率低的问题;另一方面,项目团队通过主观能动性,克服了技术难题,实现了整轨互联、异轨激光接入等创新成果。这种客观需求与主观创新的结合,充分展现了科学技术作为人类实践活动的双重特性。

四、科学技术延长了人的自然肢体和活动器官

"三体计算星座"计划通过将算力送上太空,实现了对地观测

---

[1] 江耘,陈航."三体计算星座"为啥把计算送上天[N].科技日报,2025-05-19(001).
[2] 赵广立."三体计算星座"把人工智能送上天[N].中国科学报,2025-05-21(003).

任务的自主完成，并将数据处理能力从地面延伸到太空。星座中的星载智能计算机技术突破不仅延长了人的自然肢体和活动器官，还显著提升了人类在太空环境中的感知和处理能力。

五、现代技术的形态结构——经验技术形态、实体技术形态、知识技术形态

"三体计算星座"计划体现了现代技术从经验技术形态向实体技术形态和知识技术形态的演进。一是在经验技术形态方面，星座通过多次太空发射验证了关键技术的可行性；二是在实体技术形态方面，星座构建了一个由数千颗卫星组成的分布式计算网络，实现了整轨互联和异轨激光接入；三是在知识技术形态方面，星座搭载了80亿参数的天基模型，支持多源异构数据的协同处理，并通过星间高速通信实现了数据的即时传输和处理。

"三体计算星座"计划的成功实施，不仅解决了传统卫星数据处理效率低的问题，还开启了太空计算的新时代。这一项目充分体现了科学技术作为人类实践活动的产物，一种推动历史发展的革命力量，客观性与主观性的统一，延长人的自然肢体和活动器官的功能，以及现代技术形态的演进。随着更多卫星的发射和星座功能的完善，"三体计算星座"将在城市治理、应急救灾等多个领域发挥巨大作用，为未来智慧城市建设提供更有效的数据支撑和在轨智能服务[1]，在科技发展和社会生活中发挥越来越重要的作用，为人类带来更广阔的可能性。

参考文献

[1]之江实验室发布"三体计算星座"项目[EB/OL].(2024-11-22)[2025-05-16].中共杭州市委 杭州市人民政府. https://www.hangzhou.gov.cn/art/2024/11/22/art_812262_59105629.html.

[2]赵广立."三体计算星座"把人工智能送上天[N].中国科学报,2025-05-21(003).

[3]江耘,陈航."三体计算星座"为啥把计算送上天[N].科技日报,2025-

---

① 江耘,陈航."三体计算星座"为啥把计算送上天[N].科技日报,2025-05-19(001).

05-19(001).

[4]刘琦.把算力送上天,"三体计算星座"来了[N].文汇报,2024-11-26(003).

拓展阅读

[1]刘扬.把人工智能送上天,我国发射首个太空计算星座[N].环球时报,2025-05-15(008).

[2]何冬健,盛汪淼芷.三体计算星座,在太空织张算力网[N].浙江日报,2025-02-18(003).

北斗卫星导航系统
——中国科技自主创新的标杆

摘要：北斗卫星导航系统（BDS）作为中国自主建设的全球卫星导航系统，其发展历程是中国科技自主创新的典范。从20世纪70年代技术探索起步，历经"三步走"战略，突破"双星定位"理论、星间链路、高精度原子钟等核心技术，实现从区域服务到全球组网的跨越。未来，北斗将构建智能化综合时空体系，践行"人类命运共同体"理念，其成功印证了社会主义制度下技术发展服务于国家战略与人民福祉的独特路径，彰显了"关键核心技术自主可控"的战略价值。

关键词：北斗卫星导航系统；科技自主；技术创新

案例描述

北斗卫星导航系统（BDS）作为中国自主研发并独立运营的全球卫星导航体系，其构建过程集中体现了国家战略导向与技术创新能力的深度协同。从区域服务到全球覆盖，从技术引进到标准输出，北斗系统的发展可划分为三个阶段。中国对卫星导航系统的探索始于20世纪70年代，但受限于技术和资金条件，进展缓慢。彼时，全球卫星导航领域由美国GPS系统主导，技术封锁与战略依赖的双重压力，促使中国科学家开始思考自主系统的可行性。1983年，航天专家陈芳允院士创造性地提出双星定位模型，该创新方案仅需两颗地球静止轨道卫星即可完成区域定位功能，以较低成本突破关键性技术障碍，为后续系统架构奠定理论基础。

进入90年代，随着国际局势变化与国家安全需求的提升，北斗系统建设被提升至国家战略高度。旨在打破对GPS的技术依赖，保障国家安全与经济自主性。其发展遵循"三步走"战略，每一步都精准对接国家需求与技术前沿。第一阶段为北斗一号系统，1994年北斗一号工程正式立项，标志着中国迈出卫星导航系统自主化的关键一步。通过双星定位技术实现区域性有源定位服务，覆盖中国及周边地区，首次集成短报文通信功能，为渔业、救灾等领域提供关键支持。第二阶段为北斗二号系统，自2004年展开部署，至2012年底完成包括5颗GEO卫星、5颗IGSO卫星及4颗MEO卫星在内的14星组网部署。在延续一代系统特色的基础上，新增被动式定位模式，形成面向亚太地区的综合服务体系，实现10米级定位精度测速精度优于0.2米/秒，授时精度优于50纳秒，并通过国际海事组织标准认证，正式成为全球导航系统的重要组成部分。第三阶段为北斗三号系统，完成全球组网，由含中圆地球轨道、倾斜地球同步轨道和地球静止轨道在内的30颗卫星构成混合星座，短报文通信容量大幅扩展，支持全球搜救服务[①]。

---

① 《中国北斗卫星导航系统》白皮书[R/OL]. (2016-06-16) [2025-04-18]. 国务院新闻办公室. http://www.scio.gov.cn/zfbps/ndhf/2016n/202207/t20220704_130481.html.

北斗系统的成功，源于对核心技术的持续攻坚。从"双星定位"到全球组网，中国科学家突破了多项"卡脖子"技术。星间链路技术实现卫星自主定轨与协同管理，减少对地面站的依赖；自主研发的高精度氢原子钟时间频率系统误差控制在纳秒级，支撑全球高精度授时；全球首创的通导一体化设计，将短报文通信与导航功能融合，解决无网络地区应急通信难题，这一技术已在抗震救灾、远洋渔业等领域进行应用。2020年北斗三号全球组网完成后，系统进入产业化爆发期，形成完整产业链，应用覆盖智能交通、精准农业、电力同步授时等领域，并输出至"一带一路"国家，在印尼雅万高铁形变监测中，毫米级定位技术保障了热带多雨气候下的施工安全。

面向未来，《北斗卫星导航系统2035年前发展规划》正着力构建具备"精准可信、随遇接入、智能化、网络化、柔性化"的综合时空体系。计划2025年完成下一代北斗系统关键技术攻关，2027年将发射三颗试验卫星，开展下一代新技术试验；2029年左右开始发射下一代北斗系统组网卫星；2035年完成下一代北斗系统建设。[①] 为实现系统服务能力的持续升级，中国正加速建设覆盖全球的实时监测与效能评估网络，通过深化国际技术合作、主导标准体系建构、提供普惠性导航服务等举措，推动北斗系统实现从区域性基础设施向全球公共产品的战略转型。

北斗卫星导航系统的发展，是中国科技自主创新的生动注脚。从突破技术封锁到构建全球网络，从服务国计民生到引领国际标准，北斗系统以"中国智造"的硬核实力，诠释了"关键核心技术是要不来、买不来、讨不来的"深刻道理。面向未来，北斗系统将继续以创新为翼，为构建人类命运共同体贡献中国智慧与中国方案。

[①] 我国计划2035年建成下一代北斗系统2029年左右开始发射组网卫星[EB/OL]. (2024-11-28)[2025-04-18]. 中国政府网. https://www.gov.cn/yaowen/liebiao/202411/content_6989829.htm.

案例分析

马克思主义科学技术观强调，技术既是生产力的核心要素，又受社会制度制约，其发展应服务于人的解放而非资本增值，揭示了科技发展与社会制度、人类解放的辩证关系。北斗系统的成功实践，正是马克思主义科技观在当代中国科技创新中的典型体现，深刻体现了社会主义制度下技术发展的独特路径。

马克思指出，"科学是一种在历史上起推动作用的、革命的力量"[①]。这一论断在北斗系统的应用场景中得到具象化呈现，北斗系统的建设直接服务于生产力提升。在农业领域，基于北斗的无人驾驶农机实现厘米级精准播种。在交通领域，车辆接入北斗，事故率大大降低。北斗芯片嵌入农业机械、车载终端、智能手机等载体，通过时空基准的精确赋予，重构了传统产业的生产函数，实现技术赋能的生产力跃迁，北斗系统所代表的数字生产力，正在塑造社会主义现代化经济体系的新形态。

从价值论维度分析，北斗系统的自主创新路径体现了对资本主义技术异化的批判性超越。面对西方技术封锁，中国科研团队攻克星载原子钟、行波管放大器等"卡脖子"技术，实现核心器件国产化。这种举国体制下的技术突破，既避免了对外国技术的"被动依赖"，更杜绝了数字资本主义时代"技术殖民"的风险。北斗系统的短报文通信功能，在汶川地震中成为"孤岛通信"的生命线。在新冠疫情期间北斗系统精准助力疫情防控，如方舱医院选址，医疗物资、生活物品的调配，机器人送药等。这种举国体制的科技创新模式，避免了技术依赖导致的"被动异化"，使科技真正服务于国家安全与人民福祉。

北斗系统的演进轨迹验证了"科技发展与国家战略同频共振"的实践逻辑。北斗系统的"三步走"战略始终与国家发展重大需求同频共振：北斗一号解决军事指挥控制、灾害应急通信的燃眉之急；北斗二号支撑亚太区域经济一体化，服务"海上丝绸之路"航运安全；北斗三号构建全球时空基准，为"一带一路"基础设

[①] 马克思恩格斯文集(第3卷)[M].北京:人民出版社,2009:602.

施互联互通提供保障。这种以国家战略需求为牵引的技术发展模式，突破了资本主义市场逻辑下技术演进的自发性和盲目性。正如马克思在《资本论》中批判资本主义生产"为了利润而生产"，北斗系统的建设则遵循"为了需求而创新"的社会主义原则，实现了技术理性与价值理性的统一。

从全球观维度审视，北斗系统的开放共享理念践行了马克思主义"科技促进人类解放"的价值追求。马克思曾说："科学绝不是一种自私自利的享乐，有幸能够致力于科学研究的人，首先应该拿自己的学识为人类服务。"① 北斗系统已向全球用户提供开放服务，并在东盟国家土地确权、非洲国土测量等领域发挥重要作用。这种技术共享模式突破了资本主义科技垄断的局限，践行了"人类命运共同体"理念，与马克思主义关于"科技促进人类解放"的目标高度契合。更值得关注的是，北斗系统推动国际海事组织、国际民航组织等采纳中国技术标准，实现了从"技术跟随"到"规则制定"的跨越，这与马克思主义关于"无产阶级只有解放全人类才能最终解放自己"的论断形成跨时空呼应。

北斗卫星导航系统的跨越式发展，是马克思主义科学技术观在当代中国的实践典范。马克思主义科技观亦警示技术的双刃剑效应，我们要对技术双刃剑进行辩证审视，认清技术发展的矛盾与挑战。北斗系统在提升军事精确打击能力的同时，可能加剧国际安全博弈；其高精度定位数据若被滥用，也可能引发隐私风险。这要求我们在科技发展中贯彻"以人为本"的社会主义原则，通过立法和伦理规范引导技术向善。

参考文献

[1]我国计划2035年建成下一代北斗系统2029年左右开始发射组网卫星[EB/OL]. (2024-11-28)[2025-04-18]. 中国政府网. https://www.gov.cn/yaowen/liebiao/202411/content_6989829.htm.

[2]马克思恩格斯文集(第3卷)[M]. 北京:人民出版社,2009.

---

① 中共中央马克思恩格斯列宁斯大林著作编译局. 回忆马克思[M]. 北京:人民出版社,2005:187.

[3]《中国北斗卫星导航系统》白皮书[R/OL].(2016-06-16)[2025-04-18].国务院新闻办公室.http://www.scio.gov.cn/zfbps/ndhf/2016n/2022-07/t20220704_130481.html.

拓展阅读

[1]龚盛辉.中国北斗[M].济南:山东文艺出版社,2021.

[2]毕惟于,李亚晶,熊之远.北斗问苍穹:卫星导航和基础设施[M].北京:电子工业出版社,2023.

人类微生物组计划
——全球跨学科科研协作的样板

摘要：人类微生物组研究揭示了健康的新维度，突破了传统生理平衡观念，将健康视为人体与共生微生物共同构成的复杂生态系统。新一代DNA测序技术的突破推动了该领域的快速发展，国际合作的"人类微生物组计划"成为全球科研协作的典范。中国通过参与国际项目和中西医结合研究，为微生物组科学贡献了独特视角，为个性化医疗提供了新方向。同时，中医药理论与微生物组研究的结合，为传统医学现代化开辟了路径。这一跨学科、跨国界的合作模式，不仅革新了健康观念，也展现了科学技术的革命性力量及其对社会发展的深远影响。

关键词：人类微生物组；跨学科合作；中医药现代化

案例描述

在传统观念中，健康往往被视为人体自身生理功能的平衡状态。然而，随着科学研究的深入，我们逐渐认识到，健康是一个更为复杂的生态系统，它不仅涉及人体自身的基因组，还包括与我们共生的数以万亿计的微生物。这些微生物主要分布在肠道、皮肤、口腔等部位，构成了人体的微生物组。这一发现彻底改变了我们对健康的理解，也为医学研究开辟了全新的方向。

人体内存在着两个基因组系统：一个是从父母遗传而来的人类基因组；另一个则是出生后逐渐在人体内定植的微生物基因组，其基因数量远超人类自身基因。这些微生物主要栖息在肠道中，数量约为人体细胞总数的十倍，编码的基因数量更是人类基因组的一百倍之多。这一庞大的微生物群落与人体形成了互利共生的关系，共同维持着宿主的健康状态。

传统微生物学研究方法存在明显局限，导致我们对体内大部分微生物知之甚少。新一代 DNA 测序技术的出现为这一领域带来了革命性突破，使科学家能够全面解析这些微小生命的遗传信息。研究表明，微生物组参与人体多种生理功能，包括营养吸收、免疫调节和药物代谢等，其重要性不亚于人体任何器官。

2007 年，美国国立卫生研究院正式启动"人类微生物组计划"，标志着这一领域研究进入系统化、规模化阶段。这项计划旨在通过高通量测序技术绘制人体不同部位微生物的基因组图谱，揭示微生物群落变化与人类健康的关系。

中国在这一全球性科研项目中扮演了重要角色。2007 年初，中科院上海生命科学研究院与上海交通大学联合启动了中法肠道元基因组合作项目，这是中国参与国际微生物组研究的早期重要尝试。2008 年，深圳华大基因研究院凭借其先进的高通量测序平台，成为欧盟第七框架项目中唯一的非欧盟参与单位，承担了重要的测序任务。

国际合作的深化催生了更为紧密的科研联盟。2009 年，由多国科研人员组成的国际团队在德国海德堡发起创立了国际人类微生物组研究联盟（IHMC），该组织的建立旨在促进世界各国在该领域的科研协作与交流。主要参与国家包括英国、美国、法国和中国等科技强国。这种跨国界、跨机构的协作模式，极大地推动了微生物组研究的进展。随着研究的深入，科学家们逐渐揭示了微生物组与多种疾病之间的关联。英国帝国理工大学尼科尔森教授团队的研究表明，肠道菌群产生的代谢物可以影响个体对药物的反应，甚至决定药物是否会产生毒性作用。这一发现为解释为什么相同药物对不同患者会产生不同效果提供了新视角。

在代谢性疾病研究方面，科学家取得了突破性进展。华盛顿大学戈登教授团队发现，肥胖个体的肠道菌群能够将不可消化的植物纤维转化为短链脂肪酸，增加宿主的能量吸收。英国里丁大学的研究则揭示了高脂饮食如何通过改变肠道菌群组成，引发慢性炎症和胰岛素抵抗，最终导致代谢综合征。

中国科学家在这一领域也做出了独特贡献。中英联合研究团队开发了通过宿主代谢组学特征评价肠道功能菌群的新方法，为在人体水平监测健康状况提供了创新工具。中法合作开展"中法肠道元基因组合作项目"[①]，有望发现与中国人代谢综合征相关的特异性生物标志物。

中国开展微生物组研究具有独特的优势——拥有数千年历史的中医药理论与实践。越来越多的证据表明，许多中药的疗效可能是通过调节肠道菌群实现的。这种"菌群-宿主"互动的视角，为理解中医药作用机制提供了新的科学依据。

中医"治未病"的理念与微生物组研究高度契合。中医体质学说认为，体质由先天遗传和后天因素共同塑造，而微生物组作为后天禀赋的重要承载者，可能是体质分型的重要物质基础。通过对不同体质人群的微生物组和代谢组分析，有望为中医辨证提供现代科学解释，实现疾病早期预警和干预。

这种传统医学与现代科学的结合，不仅丰富了微生物组研究的内涵，也为中医药现代化开辟了新途径。通过微生物组这一桥梁，

---

① 中法签署联合声明和 14 项合作协议[EB/OL]. (2006-10-26)[2024-12-27]. 外交部. https://www.fmprc.gov.cn/gjhdq_676201/gj_676203/oz_678770/1206_679134/xgxw_679140/200610/t20061026_9338373.shtml.

东西方医学体系有望实现更深层次的对话与融合。

人类微生物组研究正在为医学健康领域带来革命性变化。在疾病诊断方面，微生物组标志物有望成为早期筛查的新工具；在治疗领域，菌群移植、益生菌干预等新方法展现出广阔前景；在药物开发上，针对微生物组的靶向药物可能成为下一代治疗手段。

个性化医疗将因微生物组研究而更加精准。通过分析个体独特的菌群组成，医生可以为患者制定更为精准的饮食建议、药物选择和健康管理方案。"未来有望运用于新药研发和个体化用药，以及糖尿病、肥胖症等慢性病的早期诊断与治疗等方面。"[①] 这种"量体裁衣"式的健康管理，代表着未来医学的发展方向。然而，这一领域仍面临诸多挑战。微生物组的高度个体差异性、复杂的生态网络关系以及与环境因素的动态互动，都要求科学家们开发更为精细的研究方法和分析工具。跨学科合作的重要性在这一过程中愈发凸显，需要生物学家、医生、数据科学家、工程师等不同领域专家的紧密配合。

从国际大科学计划的协作，到跨学科团队的联合攻关，微生物组研究充分展现了科学合作的力量。在全球化时代，面对人类共同的健康挑战，打破学科壁垒和国家界限，共享知识资源，比任何时候都更为重要。

随着研究的深入，微生物组科学有望为人类健康带来质的飞跃。从疾病治疗到健康维护，从个体医疗到公共卫生，这一新兴领域将全方位重塑我们的健康观念和实践。在这个意义上，微生物组研究不仅代表着生命科学的前沿，更预示着人类健康事业的新维度。

案例分析

人类微生物组研究作为21世纪生命科学的重要突破，不仅革新了传统健康观念，更以其跨学科、跨国界的合作模式，生动诠

---

① 张梦然.人类微生物组影响健康机制揭秘 有望用于疾病早期诊断与治疗[N].科技日报，2017-9-4(001).

释了马克思主义科学技术观的当代价值。从马克思主义视角审视这一案例,可以揭示科学技术发展的本质特征、社会动力及其对人类文明的深远影响。

微生物组研究深刻体现了马克思主义关于科学是"人对自然界的理论关系"[①]与技术是"人对自然的能动关系"[②]的辩证统一。科学家通过高通量测序技术解析微生物基因序列,进而构建微生物与宿主互动的理论模型,实现了科学技术化与技术科学化的融合[③],新一代 DNA 测序技术既是工具创新,又为科学家们构建新的微生物遗传信息知识提供了技术基础。该研究还凸显了科学的通用性与共享性,国际人类微生物组计划(HMP)汇集多国科学家,其成果如肠道菌群数据库,成为全球研究者共享的观念财富。中国参与的跨国合作项目(如中法肠道元基因组计划)表明科学无国界,但科学家需为自己的国家作贡献。习近平总书记指出:"科技成果只有同国家需要、人民要求、市场需求相结合,完成从科学研究、实验开发、推广应用的三级跳,才能真正实现创新价值、实现创新驱动发展。"[④]——华大基因通过技术输出提升中国在国际科学话语权中的地位,体现了科学的社会属性与民族性的统一。

微生物组研究的突破性进展,印证了马克思主义关于"科学是一种在历史上起推动作用的、革命的力量"[⑤]的论断。其发展动力源于实践需求与认知局限的矛盾,传统微生物学对大部分微生物知之甚少,而代谢疾病、药物个体差异等现实问题倒逼技术革新,DNA 测序技术的革命性突破正是感性需要推动科学从自然界出发的例证[⑥]。同时,该领域汇聚生物学、医学、数据科学等多学科,比如尼科尔森团队将代谢组学与微生物学结合,揭示菌群对药物代谢的影响,自然科学越来越变成历史的科学,即科学在分

---

① 马克思恩格斯文集(第1卷)[M].北京:人民出版社,2009:350.
② 马克思恩格斯文集(第5卷)[M].北京:人民出版社,2009:429.
③ 殷杰,郭贵春.自然辩证法概论(修订版)[M].北京:高等教育出版社,2020:100.
④ 习近平.在中国科学院第十七次院士大会、中国工程院第十二次院士大会上的讲话[N].人民日报,2014-6-10(002).
⑤ 马克思恩格斯文集(第3卷)[M].北京:人民出版社,2009:602.
⑥ 马克思恩格斯文集(第1卷)[M].北京:人民出版社,2009:194.

工深化中趋向整体性。此外，HMP 由美国国立卫生研究院主导，中国、欧盟等非资本中心体参与，推动科学回归为人类服务的本质。

微生物组技术的应用兼具中立性与价值性。一方面，菌群移植、个性化医疗等技术本身是方法论工具，可服务于任何社会制度；另一方面，其实际效果受社会关系制约，如肥胖菌群研究可能被资本异化为减肥药暴利工具，印证了马克思警示的"科学双刃剑"效应——戈登团队发现菌群增加能量吸收的成果，既可改善营养不良，也可能加剧消费主义对身体的规训。此外，该研究为中医药现代化提供新范式，揭示了传统知识与现代科学的辩证统一。中医"治未病"理念通过微生物组研究获得实证支撑，如体质分型可能与菌群差异相关。这种"东西方医学对话"表明，科学技术的发展需扎根文化土壤，科学技术的应用需坚持以人为本的立场，以社会需求为导向增进人类福祉，只有达成满足人类物质与精神需求的统一，才能避免技术理性凌驾价值理性的异化风险——正如西方马克思主义者马尔库塞批判的，单向度的技术崇拜可能使人沦为愚钝的物质力量。

中国在微生物组研究中的角色，彰显了马克思主义科学技术是社会生产力的论断。我国通过强化基础研究投入，促进产学研融合，推动科技文化互鉴等实践，将微生物组纳入一般生产力范畴，并推动其向直接生产力转化。例如，华大基因将测序技术转化为产业优势，同时以菌群为媒介整合中医药理论，构建了具有中国特色的科技创新范式。

微生物组研究揭示的健康新维度，不仅是技术进步的标志，更是马克思主义人的全面发展理想的映射。当科学家跨国界共享数据、跨学科协同攻关时，科学回归了其革命性力量的本真——不仅改造自然，更重构社会生产关系。未来，需以菌群——宿主共生的生态智慧为隐喻，构建科技与社会和谐共生的新文明形态，让科学的纯洁光辉真正照亮人类命运共同体的前路。

参考文献

［1］习近平.在中国科学院第十七次院士大会、中国工程院第十二次院士大会上的讲话［N］.人民日报,2014-6-10(002).

［2］成妮妮,郭春雷.人体微生物组计划［J］.中国微生态学杂志,2011,23(09):857-858.

［3］张梦然.人类微生物组影响健康机制揭秘,有望用于疾病早期诊断与治疗［N］.科技日报,2017-9-4(001).

［4］马克思恩格斯文集(第1卷)［M］.北京:人民出版社,2009.

［5］马克思恩格斯文集(第3卷)［M］.北京:人民出版社,2009.

［6］马克思恩格斯文集(第5卷)［M］.北京:人民出版社,2009.

［7］细胞图谱计划,构建人类疾病的"高清地图"?［EB/OL］.(2023-09-06)[2024-12-27].澎湃新闻.https://www.thepaper.cn/newsDetail_forward_24490461?commTag=true.

［8］中法签署联合声明和14项合作协议［EB/OL］.(2006-10-26)[2024-12-27].外交部.https://www.fmprc.gov.cn/gjhdq_676201/gj_6762 03/oz_678770/1206_679134/xgxw_679140/200610/t20061026_9338373.shtml.

拓展阅读

［1］刘传书.人类肠道微生物基因集数据库问世［N］.科技日报,2014-7-12(001).

［2］张梦然.人类微生物组影响健康机制揭秘［N］.科技日报,2017-9-4(001).

3D 打印技术
——从原型制造到批量生产

摘要：3D 打印技术自 20 世纪 80 年代诞生以来,已从原型制造工具发展为工业批量生产的关键技术,广泛应用于航空航天、汽车、医疗、消费电子及能源等领域。3D 打印产业链的成熟得益于材料、设备和软件的协同创新,国内企业在核心零部件领域逐步缩小与国际差距。3D 打印不仅推动了个性化定制和轻量化设计,还降低了生产成本,其发展模式体现了马克思主义关于科学技术本质、发展模式及动力的理论,体现了科学理论与技术实践的辩证统一。

关键词：3D 打印；工业应用；技术演进

案例描述

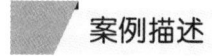

3D 打印技术，又称增材制造，自 20 世纪 80 年代诞生以来，已从最初的原型制造工具逐步发展为工业批量生产的重要技术手段。其通过逐层堆叠材料的方式构建物体，突破了传统减材制造的技术限制，为制造业带来了革命性变革。

从技术演进的角度出发，3D 打印技术实现了从单一工艺到多技术并行。3D 打印技术的发展经历了多个关键阶段。20 世纪 80 至 90 年代是技术的孵化期，光固化成型（SLA）、熔融沉积成型（FDM）和选择性激光烧结（SLS）等基础工艺相继问世，为行业奠定了技术基础。进入 21 世纪后，3D 打印技术逐步商业化，桌面级设备的普及和开源项目的兴起进一步推动了技术的普及。2016 年至今，3D 打印进入快速发展期，金属打印技术崭露头角，打印速度和精度显著提升，为批量生产奠定了基础。

当前，3D 打印技术已形成金属与非金属两大分支。金属打印以 SLS 和 SLM 技术为主，因其高强度和耐高温特性，广泛应用于航空航天和医疗领域；非金属打印则以 FDM 和 SLA 技术为代表，凭借成本低和精度高的优势，在消费电子和汽车行业中占据重要地位。近年来，面加工技术（如惠普的 MJF）的兴起，进一步提升了打印效率，为批量生产提供了可能。此外，4D 打印技术的出现为行业带来了新的想象空间。通过智能材料对外界刺激的响应，4D 打印能够实现物体的自适应变形，未来有望在柔性机器人和医疗设备领域发挥重要作用。

从技术应用的角度出发，3D 打印技术实现了航空、汽车、医疗等应用领域的多维扩展。航空航天是 3D 打印技术最早落地的领域之一。由于零部件结构复杂且材料成本高昂，3D 打印的一体化设计和轻量化优势尤为突出。例如，GE 航空通过 3D 打印生产了超过 10 万个燃油喷嘴，不仅减轻了重量，还提高了燃油效率。

汽车行业对 3D 打印的应用从原型制造逐步扩展到终端零部件生产。3D 打印能够快速制造复杂结构的零件，如轻量化轮毂和个性化内饰，同时显著缩短研发周期。通用汽车通过引入 3D 打印技术,帮助公司节省超过 30 万美元的模具成本①。

在医疗领域,3D 打印技术凭借其定制化能力,成为牙科植入物和手术导板生产的首选。"科学家现在可利用 3D 打印技术,制造出高度个性化和复杂的牙科植入物和假肢。"② 此外,生物 3D 打印技术的进步为器官再造提供了新的可能性。

折叠屏手机铰链的制造是 3D 打印在消费电子领域的标志性应用。荣耀和 OPPO 通过钛合金 3D 打印技术,实现了铰链的轻量化和高强度设计,推动了折叠屏手机的轻薄化发展。苹果公司也在积极布局金属 3D 打印技术,进一步验证了该技术的潜力。

在能源领域,3D 打印技术被用于现场制造油气钻探部件,显著降低了运输和库存成本。建筑行业则通过 3D 打印技术实现复杂结构的快速建造,全球市场规模预计将从 2023 年的 15 亿美元增长至 2032 年的 1039 亿美元。

3D 打印产业链的成熟与发展离不开上游材料与核心零部件的支撑、中游设备与服务的推动,以及软件生态的协同创新。在材料领域,金属粉末和高分子材料是当前的主流选择,其中钛合金、尼龙等材料因其优异的性能被广泛应用于航空航天和医疗等高附加值行业。近年来以中航迈特、威拉里为代表的国内厂商正加速技术攻关,逐步缩小这一差距。与此同时,核心零部件如激光器和振镜同样面临进口依赖问题,但锐科激光在光纤激光器领域已实现 27% 的国内市场份额,金橙子推出的 INVINSCAN3D 振镜也在性能上接近国际水平,展现出国产替代的潜力。

中游环节是 3D 打印产业化的核心,工业级设备的技术水平直接决定了应用的深度与广度。2023 年,全球工业级 3D 打印设备市场规模达 76.3 亿美元,惠普、Stratasys 等国际巨头凭借先发优势占据主导地位,尤其在金属打印领域具备显著技术壁垒。不过,国内企业如华曙高科、铂力特通过持续研发,已在部分细分市场实现突破。

---

① 通用汽车工厂利用 3D 打印技术生产模具和固定装置[EB/OL].(2018-06-21)[2024-12-08].环球网.https://tech.huanqiu.com/article/9CaKrnK9E1C.

② 刘霞.3D 打印在十大工业应用中显身手[N].科技日报,2023-9-7(004).

3D打印技术正从原型制造迈向批量生产，其应用领域不断拓宽，产业链日趋成熟。尽管在材料、设备和软件方面仍存在挑战，但随着技术进步和成本下降，3D打印有望在更多工业领域实现规模化应用，成为制造业转型升级的重要推动力。未来，随着金属打印、面加工技术和智能材料的进一步发展，3D打印将开启工业制造的新篇章。

案例分析

3D打印技术作为当代制造业的革命性突破，不仅体现了科学技术在生产实践中的巨大潜力，也深刻印证了马克思主义关于科学技术本质、发展模式及动力的理论。

马克思、恩格斯认为，科学在本质上体现了"人对自然界的理论关系"①，技术是"人对自然的能动关系"②，3D打印技术则体现了这一辩证关系。从科学层面看，3D打印技术基于材料科学、计算机科学和机械工程等多学科的理论知识，通过逐层堆叠材料的方式构建物体，是对自然界物质运动规律的深刻运用。例如，选择性激光烧结（SLS）技术通过激光束选择性熔化金属粉末，实现了复杂结构的精确制造，这是对材料相变理论和能量转化规律的科学应用。

从技术层面看，3D打印技术直接服务于生产实践，是现实生产力的典型代表。3D打印技术通过将科学理论转化为实际生产工具，显著提升了制造业的效率与灵活性。例如，GE航空通过3D打印生产燃油喷嘴，不仅减轻了重量，还提高了燃油效率，这正是科学理论转化为直接生产力的生动体现。同时，3D打印技术的自然性和社会性特征也尤为突出：其材料选择和工艺设计必须符合自然规律，而其应用方向则完全由社会需求驱动，如医疗领域的定制化植入物和航空航天的高性能零部件。

马克思主义认为，科学技术的发展是渐进与飞跃、分化与综合

---

① 马克思恩格斯文集(第1卷)[M].北京:人民出版社,2009:350.
② 马克思恩格斯文集(第5卷)[M].北京:人民出版社,2009:429.

的辩证统一过程。① 3D 打印技术的历史演进充分印证了这一观点。20 世纪 80 年代，光固化成型（SLA）和熔融沉积成型（FDM）等基础技术的诞生，标志着 3D 打印技术的渐进积累阶段；而近年来金属打印技术和面加工技术（如惠普的 MJF）的突破，则代表了技术的飞跃式发展。这种飞跃不仅体现在打印速度和精度的提升，更体现在技术应用领域的扩展，如从原型制造到批量生产的跨越。

此外，3D 打印技术也体现了分化与综合的统一。一方面，技术本身分化为金属打印与非金属打印两大分支，各自服务于不同的工业需求；另一方面，3D 打印技术与生物技术、信息技术等领域的交叉融合，催生了 4D 打印等新兴方向。例如，4D 打印通过智能材料对外界刺激的响应，实现了物体的自适应变形，这是材料科学、机械工程和计算机科学的综合成果。

马克思主义强调，社会需求与技术发展水平之间的矛盾是技术发展的基本动力，而科学进步则是重要推动力。3D 打印技术的兴起与发展正是这一理论的现实注脚。

首先，社会需求是 3D 打印技术发展的根本动力。航空航天领域对轻量化、高强度零部件的需求，推动了金属打印技术的突破；医疗领域对个性化植入物的需求，促进了生物 3D 打印技术的成熟。马克思指出，"科学是一种在历史上起推动作用的、革命的力量"②。3D 打印技术通过满足航天航空、医疗等领域的需求，不仅改变了传统制造模式，还推动了相关产业的升级。例如，通用汽车通过引入 3D 打印技术，将工装生产成本降低了两万美元，这正是社会需求驱动技术创新的典型案例。

其次，科学进步为 3D 打印技术提供了理论支撑和方法论指导。材料科学的突破使得高性能金属粉末和高分子材料得以广泛应用；计算机科学的进步实现了复杂模型的精确建模与分层处理。马克思曾以钟表技术为例，说明科学理论对技术发展的先导作用。3D 打印技术的发展同样依赖于多学科的理论积累，比如激光物理、流体力学和热力学等。这种"科学—技术—生产"的一体化过程，

---

① 殷杰,郭贵春.自然辩证法概论(修订版)[M].北京:高等教育出版社,2020:129.
② 马克思恩格斯文集(第 3 卷)[M].北京:人民出版社,2009:602.

正是现代科学技术发展的典型特征。

马克思主义理论指出,科学技术具有"双刃剑"作用①。3D打印技术也不例外。一方面,它推动了制造业的革新,降低了生产成本,提高了生产效率,甚至为可持续发展提供了新思路(如减少材料浪费);另一方面,其广泛应用也带来了新的挑战:知识产权保护问题、技术垄断风险,以及高技能劳动力的需求等。马克思曾警示,"随着人类愈益控制自然,个人却似乎愈益成为别人的奴隶或自身的卑劣行为的奴隶"②。3D打印技术的普及可能加剧技术鸿沟,使得发展中国家在高端制造领域面临更大压力。

此外,3D打印技术的中立性与价值性问题也值得关注。技术本身是中立的,但其应用方向却深受社会制度和利益集团的影响。例如,金属3D打印既可用于生产民用航空部件,也可用于制造军事装备。因此,在推动技术发展的同时,必须加强伦理规范和社会治理,确保技术服务于人类福祉而非成为控制工具。

3D打印技术从理论到实践的跨越,生动诠释了马克思主义科学技术观的深刻内涵。其本质体现了科学理论与技术实践的辩证统一,其发展模式展现了渐进与飞跃、分化与综合的辩证关系,其动力源于社会需求与科学进步的协同作用,而其双刃剑效应则提醒我们需以辩证思维看待技术进步。习近平总书记指出:"信息技术、生物技术、新能源技术新材料技术等交叉融合正在引发新一轮科技革命和产业变革。"③ 未来,3D打印技术有望在更多领域实现突破,但其健康发展离不开科学的社会化引导和伦理约束。正如马克思主义所强调的,科学技术只有在与"有教育的劳动者"相结合时,才能真正成为推动社会进步的革命性力量。④

---

① 殷杰,郭贵春.自然辩证法概论(修订版)[M].北京:高等教育出版社,2020:102.
② 马克思恩格斯文集(第2卷)[M].北京:人民出版社,2009:580.
③ 习近平.让工程科技造福人类、创造未来:在2014年国际工程科技大会上的主旨演讲[N].人民日报,2014-6-3(001).
④ 殷杰,郭贵春.自然辩证法概论(修订版)[M].北京:高等教育出版社,2020:102.

参考文献

[1]习近平.让工程科技造福人类、创造未来:在2014年国际工程科技大会上的主旨演讲[N].人民日报,2014-6-3(001).

[2]李小丽,马剑雄,李萍,等.3D打印技术及应用趋势[J].自动化仪表,2014,35(01):1-5.

[3]马克思恩格斯文集(第1卷)[M].北京:人民出版社,2009.

[4]马克思恩格斯文集(第2卷)[M].北京:人民出版社,2009.

[5]马克思恩格斯文集(第3卷)[M].北京:人民出版社,2009.

[6]马克思恩格斯文集(第5卷)[M].北京:人民出版社,2009.

[7]通用汽车工厂利用3D打印技术生产模具和固定装置[EB/OL].(2018-06-21)[2024-12-08].环球网.https://tech.huanqiu.com/article/9CaKrnK9E1C.

[8]刘霞.3D打印在十大工业应用中显身手[N].科技日报,2023-9-7(004).

拓展阅读

[1]刘燕.3D打印技术改变工业未来[N].科技日报,2013-1-16(011).

[2]谢诗涵.3D打印技术开启未来建筑之门[N].新华日报,2022-4-27(013).

大疆崛起之路
——无人机技术的全球典范

摘要： 大疆创新（DJI）作为全球无人机技术的领军者，自2006年成立以来，通过持续的技术创新和生态构建，重塑了航拍及多个行业的应用格局。大疆无人机的技术演进，既体现了科学探索自然规律的本质，如计算机视觉与机器学习的应用，又展现了技术改造自然的实践属性。大疆的发展模式，印证了马克思主义科学技术观中自然性与社会性、渐进与飞跃的统一，并直面技术双刃剑效应，平衡创新与伦理责任。大疆的崛起不仅是中国科技实力的缩影，更为全球无人机行业的发展提供了典范。

关键词： 无人机技术；科技创新；马克思主义科学技术观

案例描述

在全球科技创新的浪潮中,大疆创新以其卓越的无人机技术,迅速崛起为行业的领军者。自 2006 年成立以来,大疆不仅重新定义了航拍技术,更在农业、应急救援、影视制作等领域展现了无人机的无限潜力。大疆的创始人汪滔在 2006 年创立了这家公司,最初的愿景是打造一款易于操控且性能卓越的无人机。2012 年,大疆推出了"精灵 Phantom 1",迅速成为市场焦点。它的问世不仅降低了航拍的门槛,也为大疆后续的技术迭代奠定了基础。

2014 年,大疆发布了软件开发套件(SDK),开放平台生态,吸引了全球开发者参与无人机应用的创新。同年,其产品被《时代周刊》评为"十大科技产品",标志着大疆的技术实力得到了国际认可。

大疆的成功离不开持续的技术创新。2016 年,大疆创新推出新一代无人机"精灵 Phantom 4",该产品在行业中率先整合了计算机视觉与机器学习算法。通过这一技术革新,无人机首次实现了环境感知、目标追踪和路径规划等智能化功能,使得设备能够完成自主导航飞行,大幅优化了用户的操作体验。

2018 年,大疆与哈苏合作推出的"御 Mavic 2"系列,搭载了高性能航拍相机,成为专业摄影师的利器。同年,大疆还发布了口袋灵眸相机,以轻巧便携的设计和 4K 拍摄能力,拓展了影像创作的边界。

2019 年,大疆正式拓展至教育市场,发布了专为青少年编程教育设计的智能机器人产品"机甲大师 RoboMaster S1"。该教育机器人搭载了 31 个不同类型的传感装置和 46 个支持编程控制的组件,能够帮助年轻学习者掌握人工智能基础知识,体现了大疆在教育方向的战略布局。

大疆的产品线逐渐从消费级扩展至行业应用。2020 年,大疆发布了 Mavic Air 2,支持 4800 万像素照片和 4K 视频拍摄,进一步巩固了其在航拍市场的地位。同年,其农业无人机 T40 和 T20P 问世,通过智能化喷洒和播撒技术,提升了农业生产效率。

2023 年,大疆推出了首款运载无人机 FlyCart 30,具备大载重和长航程特性，适用于山地、乡村运输及应急场景。这一产品标志着大疆在物流和应急救援领域的深入探索。

2025年，大疆发布了Matrice 4系列无人机，支持目标检测、激光测量等功能，并在应急救援中发挥了重要作用。例如，在福建莆田的悬崖救援中，Matrice 4T通过热成像和AR标注技术，成功定位并救出被困人员，展现了无人机在生命救援中的价值。

大疆的全球化战略为其赢得了广泛的市场认可。2022年，大疆全球总部"天空之城"在深圳落成，象征着其国际化步伐的加速。同年，大疆创新同时荣膺两项重要商业荣誉：跻身"中国品牌500强"之列，并入选"福布斯中国最具创新力企业50强"①。在随后的2023—2024年度，这家深圳科技企业持续获得国际认可，屡次入围胡润研究院发布的全球独角兽企业排行榜，其市场估值已突破1000亿元人民币大关。其产品和技术不仅受到消费者的青睐，还被广泛应用于公共安全、电力巡检、林业调查等领域。

大疆的创新脚步从未停歇。2025年，大疆与比亚迪合作推出了车载无人机系统"灵鸢"，进一步拓展了无人机的应用场景。同时，其发布的机场无人值守平台，支持车载部署和全天候作业，为行业用户提供了更高效的解决方案。从消费级航拍到行业应用，从技术创新到生态构建，大疆用实力证明了无人机技术的无限可能。未来，随着人工智能和自动化技术的深度融合，大疆将继续引领全球无人机行业的发展，书写更多科技传奇。

大疆的崛起之路，是一部技术与梦想交织的史诗。它以创新为驱动，以用户需求为导向，不断突破技术边界，重塑行业格局。作为无人机技术的典范，大疆不仅改变了人们的视角，更为全球科技进步注入了新的活力。

案例分析

大疆创新的崛起不仅是科技企业的成功典范，更是马克思主义

---

① 福布斯中国发布2022中国创新力企业50强，新能源赛道18家企业入选[EB/OL].(2022-08-12)[2025-03-12]. 福布斯中国官网. https://www.forbeschina.com/innovation/61521.

科学技术观的生动实践。

大疆的无人机技术诠释了科学是"人对自然界的理论关系"[1]，技术是"人对自然的能动关系"[2]这一观点。科学层面，大疆通过计算机视觉、机器学习等技术，实现了无人机对自然环境的感知与建模，如Phantom 4的障碍感知功能，体现了科学探索自然规律的本质；技术层面，无人机从航拍到农业喷洒、应急救援的应用，展现了技术改造自然的实践属性。正如马克思所言，"科学是一种在历史上起推动作用的、革命的力量"[3]，大疆的技术革新不仅改变了航拍行业，还推动了农业、物流等领域的效率提升。

此外，大疆的技术具有鲜明的自然性与社会性双重特征。无人机依赖空气动力学等自然规律（自然性），但其设计又紧密结合社会需求（社会性）。例如，FlyCart 30运载无人机的开发，既遵循了载重与航程的物理限制，又满足了山地运输的社会需求。这种统一印证了技术是自然性和社会性、物质性和精神性的统一。

马克思主义强调，技术发展是社会需求与技术发展水平之间的矛盾驱动的[4]。大疆的每一次技术突破都源于社会需求的牵引。2012年，"精灵Phantom 1"的"到手即飞"特性降低了航拍门槛，回应了消费级市场的需求；2020年农业无人机T40的问世，则瞄准了农业生产效率提升的痛点，如今"大疆无人机彻底打开了无人机的民用市场，抓住契机完成了无人机行业的弯道超车"[5]。这种需求与技术间的互动关系，正是马克思所指出的社会需要是技术发展的重要推动力。

大疆的发展也体现了技术目的与技术手段之间的矛盾的直接推动作用。例如，早期无人机续航能力不足，促使大疆研发高效电池与轻量化材料；用户对画质的要求催生了Mavic 2系列的高性能相机。这种目的—手段的辩证运动，推动技术不断迭代升级。此

---

[1] 马克思恩格斯文集(第1卷)[M].北京:人民出版社,2009:350.
[2] 马克思恩格斯文集(第5卷)[M].北京:人民出版社,2009:429.
[3] 马克思恩格斯文集(第3卷)[M].北京:人民出版社,2009:602.
[4] 殷杰,郭贵春.自然辩证法概论(修订版)[M].北京:高等教育出版社,2020:112.
[5] 夏冠湘."中国无人机"的成长之路——以大疆无人机为例[J].现代雷达,2021,43(08):101.

外，大疆通过开放 SDK 平台，吸引全球开发者参与创新，形成了"科学—技术—应用"的生态链，印证了科学进步是技术发展的重要推动力。

从发展模式看，大疆的技术演进呈现渐进与飞跃的统一。Phantom 系列从 1 代到 4 代的升级是渐进积累，而计算机视觉技术的引入则是质的飞跃。这种模式符合科学发展是渐进与飞跃辩证统一的过程。同时，大疆的产品线从消费级扩展到行业应用，体现了技术分化与综合的趋势，如 Matrice 4T 无人机融合了热成像、AR 标注等多种技术，实现了功能的综合化。

马克思主义指出，科学技术具有双刃剑作用。大疆的技术既为社会带来福祉，如悬崖救援中挽救生命，也引发隐私安全等争议。这种双重性要求技术发展必须与社会伦理、法律相协调。大疆通过建立隐私保护机制和行业规范，试图平衡技术创新与社会责任，体现了对技术中立性与价值性的深刻认识。

大疆的全球化战略进一步揭示了科学技术的通用性与共享性。无人机技术无国界，但大疆作为中国企业，始终服务于国家战略与国际合作。例如，其产品被用于全球电力巡检、林业调查等领域，展现了科学无国界，但科学家有祖国的辩证关系。2022 年天空之城总部的落成，既是大疆国际化布局的象征，也是中国科技实力崛起的缩影。

此外，大疆与比亚迪合作推出车载无人机系统灵鸢，展现了技术主体性与客体性的统一。这一创新既依赖工程师的知识技能（主体性），又通过硬件与软件的融合实现（客体性），印证了技术是主体的知识、经验、技能与客体要素的统一。

大疆的崛起之路，是马克思主义科学技术观的现实注脚。它以创新为驱动，以需求为导向，实现了科学与技术、自然与社会的和谐统一。未来，随着人工智能等技术的深度融合，大疆需继续秉持"科学是财富的最可靠的形式"这一理念，在技术发展中兼顾效率与伦理，为全球科技进步贡献中国智慧。技术的终极目标应是人的自由解放，而非异化的工具，大疆的实践正是对这一命题的深刻探索。

参考文献

[1] 马翊华,郭立甫.大疆无人机占领国际市场的成功经验与启示[J].对外经贸实务,2016(01):76-79.

[2] 夏冠湘."中国无人机"的成长之路——以大疆无人机为例[J].现代雷达,2021,43(08):101.

[3] 马克思恩格斯文集(第1卷)[M].北京:人民出版社,2009.

[4] 马克思恩格斯文集(第3卷)[M].北京:人民出版社,2009.

[5] 马克思恩格斯文集(第5卷)[M].北京:人民出版社,2009.

[6] 杨彦.大疆创新:一夜成名的背后(中国品牌中国故事)[EB/OL].(2015-05-04)[2025-03-12].人民网.http://finance.people.com.cn/n/2015/0504/c1004-26941114.html.

[7] 福布斯中国发布2022中国创新力企业50强,新能源赛道18家企业入选[EB/OL].(2022-08-12)[2025-03-12].福布斯中国官网.https://www.forbeschina.com/innovation/61521.

拓展阅读

[1] 王建鹏.大疆把玉米丰产的论文写在大地上[N].中共农机化导报,2024-10-10(005).

[2] 夏小禾.大疆农业发布新款无人机性能再升级[N].机电商报,2024-12-2(A03).

第三章

方法的辩证实践
——马克思主义科学技术方法论

希尔伯特的23个数学问题
——数学王国的认知突围

摘要：1900年，大卫·希尔伯特在巴黎国际数学家代表大会上提出的23个数学问题，成为20世纪数学发展的里程碑。这些问题覆盖集合论、代数几何、数论等多个领域，既包含经典难题，也预见性地指出了未来方向。一个多世纪以来，约半数问题已解决，部分仍悬而未决。希尔伯特23问不仅引领了数学研究，更成为科学问题导向的典范，展示了基础科学规划如何扩展人类认知边界。在学科日益专门化的今天，其辩证思维方法仍为新兴领域提供重要启示。

关键词：希尔伯特23问；数学问题导向；科学方法论

案例描述

1900年8月6日,在法国巴黎举行的国际数学家大会上,时年38岁的德国著名数学家大卫·希尔伯特用一句富有哲理的话开启了20世纪数学领域的重大变革——"揭开隐藏在未来之中的面纱,探索未来世纪的发展前景,谁不高兴呢?"这一发人深省的提问不仅激发了在场数学家的研究热情,更通过其后提出的23个关键数学难题,奠定了其在数学发展史上的重要地位,被誉为最具开创性的学术宣言。百年之后回望,这份问题清单如同一幅精心绘制的地图,指引着无数数学家穿越未知的数学疆域,实现了人类理性认知的多次突围。

19世纪末的欧洲,科学革命浪潮汹涌。希尔伯特身处这一变革时代,在接到第二届国际数学会议演讲邀请后,面临两个选择:为纯粹数学辩护,或展望未来数学发展方向。经过与挚友、杰出数学家赫尔曼·闵可夫斯基的深入交流,他最终采纳了后者更具前瞻性的建议。

希尔伯特为这次演讲投入了长达八个月的精心准备。直到会议前夕,他的讲稿仍在修改,以至于最初发布的议程中甚至没有列入他的演讲。这种严谨态度源于他对数学历史的深刻理解——他清楚地认识到,伯努利的最速降线问题催生了变分法,费马猜想推动了代数数论发展,三体问题则革新了天体力学。他期待自己的问题能同样成为新数学分支的催化剂。

希尔伯特提出的23个问题覆盖了当时数学几乎所有前沿领域:从集合论基础到代数几何,从数论到数学物理。这些问题并非随意罗列,而是经过严格筛选,既包含当时悬而未决的经典难题,也预见性地指出了未来可能的发展方向。其独特价值体现在三个方面。

首先,这些问题具有极强的导向性。如连续统假设(问题1)直接指向数学基础的核心矛盾,推动了数理逻辑的飞跃发展。哥德尔的不完备性定理和科恩的独立性证明虽然给出了否定答案,却因此开创了元数学研究的新纪元。算术公理无矛盾性(问题2)的探讨则深刻揭示了形式系统的局限性。

其次，多个问题的解决催生了全新数学工具。德恩对等体积四面体问题（问题3）的解答发展了离散几何方法，拓扑群解析性问题（问题5）的解决推动了李群理论的完善，而丢番图方程不可判定性（问题10）的研究意外地为计算机科学提供了重要理论基础。

尤为值得注意的是，这些问题展现了数学的统一性。物理学公理化（问题6）连接了数学与物理，超越数问题（问题7）架起了代数与分析的桥梁，二次系统极限环研究（问题16）则显示了代数与拓扑的深刻联系。中国数学家在这一领域作出了重要贡献，如董金柱、叶彦谦关于极限环分布的研究，以及秦元勋、史松龄等人的后续工作。

一个多世纪过去，23个问题的解决情况呈现出丰富的图景：约半数问题已获圆满解决，三分之一仍悬而未决，其余则处于部分解决或难以明确界定的状态。这种分布恰恰印证了希尔伯特的前瞻眼光——他既提出了当时可攻克的具体问题，也设置了足以挑战数代数学家的深远课题。

黎曼猜想（问题8的一部分）至今仍是数学界最重要的开放性问题之一，围绕它的研究已衍生出大量深刻成果。中国数学家陈景润在相关领域取得突破性进展，将哥德巴赫猜想推进至"1+2"阶段；2013年，张益唐在孪生素数猜想上的突破再次展示了这些经典问题的生命力。

类域构成问题（问题12）和七次代数方程求解问题（问题13）等尚未完全解决的难题，仍在激励着当代数学家的探索。希尔伯特23问的影响力远超数学领域本身。它树立了科学问题导向研究的典范，展示了基础科学的前瞻规划如何推动人类认知边界的扩展。菲尔兹奖获得者中超过半数与这些问题的研究相关，美国数学会评选的20世纪中叶十大数学成就中有三项直接源于此，足见其历史地位。

这些问题之所以能跨越世纪保持活力，在于它们既扎根于数学的内在逻辑，又敏锐把握了学科发展的关键节点。希尔伯特以其独特的洞察力，将个人学术生涯的黄金时期奉献给了这项"困难得多"的工作——不是展示已有成果，而是为未来开辟道路。

当今数学研究日益专门化，希尔伯特23问所体现的整体视野和跨学科思维显得尤为珍贵。它们提醒我们：真正伟大的科学问题应当既能激发具体突破，又能保持开放姿态，容纳不同进路的创造性解答。在人工智能、量子计算等新兴领域挑战传统数学边界的今天，希尔伯特的智慧遗产继续为我们提供着宝贵的启示——认知的突围永远始于勇敢的提问。

案例分析

希尔伯特的23个数学问题被誉为20世纪数学发展的"指南针"，其影响力不仅限于数学领域，更成为科学研究中问题导向与辩证思维的典范。

一、问题意识与科学突破的辩证关系

希尔伯特提出的23个数学难题之所以能在数学发展史上占据重要地位，关键在于它们体现了深刻的"问题导向"思维。正如习近平总书记所述"理论创新只能从问题开始"①。希尔伯特并非随意罗列问题，而是通过严谨的历史分析和学科前瞻，筛选出那些既能反映数学内在矛盾、又能推动学科交叉的关键问题。例如，连续统假设（问题1）直指数理逻辑的基础矛盾，而物理学公理化（问题6）则架起了数学与物理的桥梁。这种问题导向的研究方法，体现了"以重大问题为导向"②的科学思维。

希尔伯特的问题意识还体现在对历史与逻辑统一的把握上。历史上的经典难题（如费马猜想）往往催生新工具和新分支。因此，他在提出问题时，既关注当时悬而未决的难题，也预见了未来可能的发展方向。这种辩证思维使得23个问题既有具体性，又有开放性，为后续研究提供了广阔空间。中国数学家陈景润在哥德巴赫猜想上的突破，正是这种问题导向研究的延续。

---

① 习近平.在哲学社会科学工作座谈会上的讲话[N].人民日报,2016-5-19(002).
② 习近平.关于《中共中央关于全面深化改革若干重大问题的决定》的说明[N].人民日报,2013-11-16(001).

二、归纳与演绎的协同作用

希尔伯特 23 问的提出与解决过程，生动诠释了归纳与演绎的辩证统一。从归纳的角度看，希尔伯特通过对数学史和当时前沿研究的梳理，抽象出具有普遍意义的课题。例如，他对代数几何和数论问题的归纳，源于对大量个别案例（如费马大定理、椭圆曲线）的观察。这种从个别到一般的思维，印证了自然辩证法中"归纳是科学研究和技术工程实践中运用最多的思维方法"这一论断。

然而，单纯归纳无法解决所有问题。希尔伯特在问题设计中巧妙地融入了演绎思维。例如，他提出算术公理无矛盾性（问题 2）时，并未停留在具体案例的归纳，而是通过演绎推理，设想公理化体系的完备性。尽管哥德尔后来证明这一目标无法完全实现，但这一演绎过程本身推动了元数学的诞生。这种从一般到个别的推理，恰恰说明"演绎是论证科学假说和理论的重要工具"[①]。

希尔伯特问题的解决往往需要归纳与演绎的结合。例如，德恩对等体积四面体问题（问题 3）的解答，既需要从具体几何构造中归纳规律，又需通过演绎验证其普适性。这种协同作用印证了恩格斯的观点：归纳和演绎，正如综合和分析一样，必然是相互关联的。[②]

三、辩证思维与科学研究的统一性

希尔伯特 23 问的另一个重要启示是辩证思维对学科统一的促进作用。只有辩证法才为自然界中出现的发展过程，为各种普遍联系，为一个研究领域向另一个研究领域过渡提供类比[③]。比如，超越数问题（问题 7）连接了代数与分析，二次系统极限环研究（问题 16）则融合了代数与拓扑。这种跨领域思维打破了学科壁垒，推动了数学的整体发展。中国数学家在这一领域的贡献尤为

[①] 殷杰,郭贵春.自然辩证法概论(修订版)[M].北京:高等教育出版社,2020:151.
[②] 马克思恩格斯文集(第9卷)[M].北京:人民出版社,2009:492.
[③] 马克思恩格斯文集(第9卷)[M].北京:人民出版社,2009:436.

突出。董金柱、叶彦谦关于极限环分布的研究,以及秦元勋、史松龄的工作,不仅解决了部分希尔伯特问题,还展示了辩证思维在具体科学实践中的生命力。这些成果表明,真正的科学创新往往诞生于不同领域的交叉点,而辩证思维正是发现这些交叉点的关键工具。

此外,希尔伯特问题的开放性也体现了辩证思维的动态性。约半数问题已获解决,但仍有三分之一悬而未决(如黎曼猜想)。这种未完成性并非缺陷,而是科学发展的动力。希尔伯特问题的部分解决或阶段性成果(如张益唐对孪生素数猜想的突破),同样具有重大价值。

回望希尔伯特的 23 个问题,其核心价值不仅在于具体数学成果,更在于方法论层面的示范意义。在当今科学日益专门化的背景下,希尔伯特的整体视野和辩证思维显得尤为珍贵。他的这些成就提醒我们:问题意识是科学突围的起点,真正伟大的问题应当兼具深度与广度;归纳与演绎的辩证统一是推动科学进步的核心动力;学科交叉与统一性思维是应对复杂挑战的关键。

正如习近平总书记所说:"自主创新是我们攀登世界科技高峰的必由之路。"① 只有将辩证思维融入科学实践,才能在人工智能、量子计算等新兴领域实现新的认知突围。科学的发展永远始于勇敢的提问,而辩证思维则为这些问题提供了最有力的解答工具。

参考文献

[1]习近平.关于《中共中央关于全面深化改革若干重大问题的决定》的说明[N].人民日报,2013-11-16(001).

[2]习近平.在中国科学院第十七次院士大会、中国工程院第十二次院士大会上的讲话[N].人民日报,2014-6-10(002).

[3]习近平.在哲学社会科学工作座谈会上的讲话[N].人民日报,2016-5-19(002).

[4]黄汉平.100 年前的国际数学家大会与希尔伯特的《数学问题》[J].数学

---

① 习近平.在中国科学院第十七次院士大会、中国工程院第十二次院士大会上的讲话[N].人民日报,2014-6-10(002).

通报,2000(09):40-41+49.

[5]马克思恩格斯文集(第9卷)[M].北京:人民出版社,2009.

拓展阅读

[1]李文林,袁向东.希尔伯特数学问题及其解决简况[J].数学的实践与认识,1981(03):56-62.

[2]胡作玄.现代数学的巨人——纪念希尔伯特诞生120周年[J].自然辩证法通讯,1982(02):65-75.

AlphaGo 风暴
——人机博弈的哲学转折点

摘要：2016 年，AlphaGo 以 4∶1 战胜围棋冠军李世石，标志着人工智能在复杂决策领域首次超越人类顶尖水平。AlphaGo 的技术核心在于策略网络与价值网络的协同优化，以及自我对弈中涌现的创新招法，颠覆了传统围棋理论。这一成就不仅引发了对智能本质的重新思考，还推动了 AI 在医疗、科研等领域的应用。然而，AlphaGo 的局限性揭示了当前 AI 的封闭性特征，其"智能"仍限于数学优化而非真正的意识。AlphaGo 的崛起促使人类反思技术与伦理的关系，并探索人机协作的新可能，为复杂性科学和人工智能发展提供了深刻启示。

关键词：人工智能；人机博弈；复杂性科学

> **案例描述**

2016年3月，一场改写历史的科技对决在韩国首尔拉开帷幕。由谷歌 DeepMind 团队开发的人工智能系统 AlphaGo 以压倒性优势击败围棋顶尖选手李世石（比分4∶1），这场胜利不仅颠覆了围棋界的传统认知，更在全球范围内掀起了一场关于人工智能未来的深刻讨论。AlphaGo 的胜利并非偶然，它标志着机器智能在复杂决策领域首次超越人类顶尖水平，同时也为人类认知自身智慧提供了全新的视角。

AlphaGo 的成功建立在深度学习技术的突破性进展之上。其早期版本通过分析数百万局人类棋谱来训练神经网络，模仿职业棋手的思考方式。这种监督学习方法使 AlphaGo 具备了接近人类顶尖水平的棋力。然而，真正革命性的突破出现在 AlphaGo Zero 的诞生——这个版本完全摒弃了人类棋谱数据，仅通过自我对弈就达到了前所未有的高度。

AlphaGo 的核心技术架构包含两大创新：首先是"策略网络"与"价值网络"的协同工作，前者负责预测最佳落子点，后者评估整体局势优劣；其次是蒙特卡洛树搜索算法的优化，使得程序能够在有限时间内探索更多可能性。这种架构让程序在短短3天内就能击败旧版 AlphaGo，40天后更是超越了所有人类认知的围棋理论边界。

AlphaGo 的崛起之路上有几个关键里程碑。2016年初，它首先以5∶0完胜欧洲围棋冠军樊麾，证明了人工智能在围棋领域的潜力。同年3月与李世石的对决则将其推向世界舞台——在第四局中，李世石下出"神之一手"获胜，成为人类对抗 AlphaGo 的唯一胜绩，但这反而凸显了 AlphaGo 的强大学习能力，它在后续比赛中迅速调整策略，没有再给人类机会。

2016年底至2017年初，化名"Master"的 AlphaGo 新版本在网络平台创下60连胜的惊人战绩，中日韩顶尖棋手轮番挑战均告失败。2017年5月，在中国乌镇围棋峰会上，AlphaGo 以3∶0完胜当时世界排名第一的柯洁。比赛中最令人震撼的是第二局，AlphaGo 的许多招法完全颠覆了传统围棋理论。"柯洁发现，

AlphaGo拥有大局观和超强的计算能力，并且可以不断自我学习。"[1] 柯洁在赛后坦言："它让我看到了围棋的另一种可能。"

AlphaGo的非凡表现引发了一系列根本性的哲学追问。当机器不需要人类经验就能自主发现新知识时，这是否意味着"智能"的本质需要重新定义？围棋曾被认为是人类智慧的最后堡垒，因为其决策复杂度远超国际象棋，但AlphaGo证明，基于大数据的深度学习可以攻克这种复杂性。

然而，这种"智能"具有明显的局限性。正如复旦大学危辉教授指出，AlphaGo的专长仅限于围棋这一封闭系统，它不具备人类的理解、创造和适应能力。更值得深思的是，AlphaGo的"创新"本质上仍是数学优化的结果，而非真正的意识活动。这引发了一个关键问题：当人工智能在特定领域超越人类时，我们是否高估了它的"智慧"，又是否低估了人类思维的独特性？

AlphaGo的影响早已超越围棋领域。DeepMind团队迅速将相关技术转向实际应用，特别是在医疗诊断方面。例如，其开发的算法可以更准确地识别眼科疾病和某些癌症的早期症状。2024年，中国科学院利用类似AlphaGo的技术发现了五颗超短周期行星，展示了人工智能在科学研究中的潜力。

这些应用也伴随着新的挑战。在医疗领域，如何确保AI决策的透明性？当算法给出与医生不同的诊断时，谁该负最终责任？AlphaGo的成功提醒我们：技术突破必须与伦理框架同步发展。围棋尚有明确的胜负规则，但现实世界的问题往往没有标准答案，这正是下一代人工智能需要突破的方向。

AlphaGo退役后，其技术遗产仍在持续发酵。一方面，它推动了"可解释AI"的研究，科学家们试图破解深度学习模型的"黑箱"；另一方面，它促使人类重新思考自身定位——当机器在特定领域超越我们时，人类的独特价值何在？

围棋大师聂卫平的评价颇具深意——"AlphaGo让我们看到了自己的不足，但也指明了进步的方向。"或许，人机关系的理想状态，不是对抗，而是协作。在医疗、科研、艺术创作等领域，人

---

[1] 祝叶华. AlphaGo"出关"，新一轮人机对战来袭[J]. 科技导报, 2017, 35(08): 9.

工智能可以成为人类的"增强工具",而非替代者。AlphaGo 的故事告诉我们:技术革命的终极意义,不在于机器能否战胜人类,而在于它如何帮助我们更好地认识自己、拓展认知边界。

案例分析

AlphaGo 的崛起,不仅是人工智能技术的里程碑,更是复杂性思维在科技领域的生动体现。从复杂性科学的视角来看,AlphaGo 的成功揭示了智能系统的多重复杂性特征,同时也引发了对人类智慧本质的深刻反思。AlphaGo 的技术架构诠释了雷舍尔提出的认识论复杂性与本体论复杂性。AlphaGo "策略网络"与"价值网络"的协同运作体现了功能复杂性中的操作复杂性(用各种可能的操作模式的多少来度量)与规则复杂性(用在操作中可能运用的规律的多少来度量),而蒙特卡洛树搜索算法的优化则通过计算复杂性(用解决一个问题所耗费的时间总量,或占用的空间大小,或花费的代价多寡度量)实现了对围棋庞大解空间的高效探索。AlphaGo Zero 的突破更进一步:它摒弃人类经验,通过自我对弈生成新知识,展现了生成复杂性的典型特征——系统通过简单规则的自组织演化,涌现出超越人类认知的棋艺。围棋的组分复杂性和结构复杂性被 AlphaGo 以数学建模的方式解构,但并非简单还原,而是通过深度学习网络的整体性运算,实现了对棋局涌现性的捕捉——"所谓涌现,即一个整体有涌现的性质,该性质不能还原为其部分的性质之和。"[①]——比如,AlphaGo 在乌镇峰会中下出的颠覆传统的招法,正是算法从局部互动中衍生出的全局新质。

AlphaGo 的胜利挑战了人类对智能的简单性认知。传统观点将智能视为可还原的线性能力,而复杂性思维则强调智能是有序与无序的联合。AlphaGo 的"神之一手"与柯洁感叹的另一种可能,恰恰反映了这种联合:算法在确定性规则中通过随机探索生成创造性策略,其过程既非完全有序,亦非纯粹随机。这种特性促使我们重新审视人机协作的潜力。围棋大师聂卫平认为"AlphaGo 指

[①] 殷杰,郭贵春.自然辩证法概论(修订版)[M].北京:高等教育出版社,2020:190.

明了进步的方向",这正是复杂性思维融贯性的体现:人类棋手从机器的反常招法中提炼新理论,而AlphaGo则依赖人类设计的规则框架。二者的互动并非替代关系,而是整体大于部分之和的涌现过程。类似地,在医疗领域,AlphaGo衍生的诊断算法与医生的经验结合,可能催生更精准的诊疗模式——这正是"多样性"与"整体性"思维的实践。

AlphaGo的局限性同样值得深思。危辉教授指出,其智能仅限于封闭系统,这揭示了当前AI的伪涌现困境:算法的创新本质是数学优化的结果,而非真正的意识活动。复杂性思维要求我们区分计算复杂性与本体复杂性——前者可通过硬件升级提升,后者则涉及多层级、多维度互动。这种区分对AI伦理至关重要。当AlphaGo技术应用于医疗时,其"黑箱"决策与医生经验的冲突,本质上是简单性思维与复杂性思维的矛盾。

AlphaGo的开发过程本身就是复杂性科学方法的范例。传统围棋程序依赖穷举法与静态评估,而AlphaGo采用动态演化的遗传算法思路:通过自我对弈不断修正策略网络,实现简单规则引致复杂行为。这种自组织性正是人工生命研究的核心思想。未来AI发展可从中汲取两点经验:规则设计与涌现空间的平衡,以及跨层级建模的必要性。AlphaGo的成功在于同时处理局部落子与全局胜率的关系。推广至通用AI,需将"还原论"与"整体论"结合,避免简单性思维"只见树木,不见森林"。

AlphaGo的故事终章并非人机对抗的终结,而是复杂性共生的开端。技术革命的终极意义,或许正如案例所述——帮助人类更好地认识自己。在医疗、科研与艺术创作中,AI可作为"增强工具",而人类则承担复杂性思维的核心使命:在粉碎封闭疆界中,重建技术、伦理与文明的联系。

参考文献

[1]刘知青.解读AlphaGo背后的人工智能技术[J].控制理论与应用,2016,33(12):1685-1687.

[2]祝叶华.AlphaGo"出关",新一轮人机对战来袭[J].科技导报,2017,35

(08):9.

[3]崔敏.从下棋的AlphaGo到写诗的小冰,人工智能"再下一城"之后[N].中国企业报,2017-8-8(006).

[4]开明.机器人战胜职业围棋选手[N].光明日报,2016-1-29(11).

[5]张梦然.人工智能取得新突破,电脑程序首次击败围棋专业选手[N].科技日报,2016-01-28(02).

拓展阅读

[1]许茜.机器人道尽人生苦辣？AI还需"深度学习"[N].科技日报,2016-10-20(006).

[2]张佳星.人工智能"零"生万物？不存在！[N].科技日报,2017-10-24(008).

门捷列夫元素周期表
——科学上的勋业

摘要：门捷列夫的元素周期表是科学史上的重大突破，其构建过程深刻体现了辩证思维中分析与综合的统一。通过系统分析已知元素的原子量和化学性质，门捷列夫不仅修正了数据误差，还综合揭示了元素间的周期性规律，预言了未知元素的存在。周期表的成功展现了整体与部分的辩证关系，以及科学理论的开放性和发展性。这一成就不仅为化学研究提供了系统性框架，更对现代科学方法论产生深远影响，启示研究者需在细节分析与整体综合中寻求平衡，推动跨学科融合与理论创新，门捷列夫的思维方法至今仍是科学探索的典范。

关键词：元素周期表；分析与综合；科学方法论

案例描述

德米特里·伊万诺维奇·门捷列夫（Dmitri Ivanovich Mendeleev）作为19世纪俄罗斯科学界的标志性人物，他因发现元素周期律并编制了世界上第一张元素周期表而闻名于世。这一成就不仅为化学学科奠定了系统性基础，还深刻影响了后来的科学研究和工业发展。

1834年2月7日，这位未来科学巨匠诞生于西伯利亚托博尔斯克的知识分子家庭。在圣彼得堡国立大学求学期间，门捷列夫展现出卓越的学术天赋，于1855年以顶级荣誉毕业并获颁金质学术勋章。随后他赴德国海德堡大学深造，为其日后突破性研究储备了扎实的理论工具和方法论基础。

门捷列夫的科学生涯充满了探索与突破。1860年出席卡尔斯鲁厄国际化学会议的经历，为其元素分类研究提供了重要启示。自1867年担任圣彼得堡大学化学教授后，他专注研究元素间的规律性关联，经过两年系统化整理，最终在1869年构建出包含63种已知元素的周期表模型，开创性地实现了元素原子量与化学特性的有序排列。

门捷列夫的周期表并非一蹴而就。他在研究过程中发现元素的性质与原子量之间存在周期性关系，但某些元素的原子量测定存在误差，于是他果断进行数据校准并调整元素位置，更突破性地为尚未发现的元素（如镓、钪、锗）预留位置并详细预测其理化性质，后续实验对这些预言的逐一验证，无可辩驳地确立了周期表的科学价值与预测功能。

门捷列夫的元素周期表不仅是一项科学成就，更是一种哲学思想的体现。他将看似杂乱无章的元素按照其内在规律排列，揭示了自然界中隐藏的秩序与和谐。这种排列方式体现了"量变引起质变"的哲学思想，正如恩格斯在《自然辩证法》中所评价的那样："门捷列夫不自觉地应用黑格尔的量转化为质的规律，完成了科学上的一个勋业。"

周期表的哲学深度更体现在其动态开放性特征。门捷列夫在周期表中留下了空格，预言了未知元素的存在，这表明科学是一个不断发展的过程。后来的科学家在周期表的指导下，陆续发现了新元素，并进一步完善了周期律的理论基础。随着1913年莫塞莱通过X射线研究确立原子序数的核心地位，周期律理论完成从经验总结到本质规律的升华，印证了该体系自我完善的理论包容性。

门捷列夫的周期表对化学和其他科学领域产生了深远的影响。首先，它为化学元素的分类和研究提供了系统性框架，使科学家能够更高效地探索元素的性质及其相互关系。其次，周期表的预言功能为新元素的发现指明了方向。例如，镓的发现不仅验证了门捷列夫的预言，还进一步巩固了周期律的地位。

此外，周期表还促进了工业和技术的发展。门捷列夫的研究不仅限于理论化学，他还涉足石油工业、农业化学和度量衡等领域。他的工作为这些领域的进步提供了科学依据。例如，他对石油成分的研究为石油工业的优化生产提供了重要参考。

然而门捷列夫的伟大贡献并未得到诺贝尔奖的认可。据诺贝尔档案记载，他本有望获得1906年的化学奖，但因委员会内部的争议而遗憾落选。尽管如此门捷列夫的成就早已超越了奖项的范畴，成为科学史上的一座丰碑。

1907年2月2日，俄罗斯化学家门捷列夫因心肌梗死病逝，终年73岁。这位科学巨匠的学术贡献不仅体现于革命性的元素分类体系，其编著的《化学原理》更长期被全球化学界视为权威教材，历经多次修订重印，为不同时期的科研工作者提供了理论指导。

为彰显门捷列夫的历史地位，科学界采取了多重纪念方式。1955年，加利福尼亚大学伯克利分校的研究团队在回旋加速器中通过氦离子束轰击锿-253同位素，成功合成第101号元素。该元素最终以"钔"（Mendelevium, Md）命名，成为首个以苏联科学家命名的化学元素，充分体现了国际学界对周期表创立者的崇高敬意。

2019年适逢元素周期表诞生150周年，联合国大会第74次会议通过决议，将当年定为"国际化学元素周期表年"。这项决议特别强调周期表作为化学领域基础框架的重要性，其在材料科学、药物研发等领域的持续创新中始终发挥着核心指导作用。统计数据显示,自周期表确立以来,人类新发现的化学元素中有近三分之一是基于其理论预测实现的,这有力印证了门捷列夫原创性工作的深远价值。

门捷列夫的元素周期表不仅揭示了化学元素的内在规律,还为后来的科学研究提供了重要工具。门捷列夫以其卓越的智慧和坚持不懈的努力,为人类认识自然和改造自然开辟了新的道路。他的成就超越了时代的局限,成为科学史上永恒的里程碑。正如恩格斯所言,门捷列夫的勋业与发现海王星的勒维烈齐名,共同照亮了人类探索未知的征程。

案例分析

门捷列夫的元素周期表作为科学史上的重大突破,其背后蕴含的辩证思维方法对现代科学研究具有深刻的指导意义。周期表的构建过程完美诠释了分析与综合这一辩证思维方法的核心要义,不仅系统性地揭示了化学元素的内在规律,更展现了科学研究中哲学思维的重要价值。这种思维方法的应用,使得门捷列夫的成就超越了单纯的化学发现,成为科学方法论的一个经典范例。

在构建周期表的过程中,门捷列夫首先采用分析这一基本研究方法。他系统地将当时已知的 63 种元素按照原子量、化学性质等关键指标进行分解研究,"把研究对象整体分解为各个组成部分、侧面、属性、层次或环节分别加以研究考察"[1]。通过对每个元素的物理化学性质进行细致的比较分析,门捷列夫发现了许多重要规律,比如某些元素虽然性质相似但原子量却出现异常的情况。这种深入的分析使他能够大胆修正当时存在误差的原子量数据,如对铟元素原子量的调整就体现了分析方法的精确性。然而,正如恩格斯指出:"以分析为主要研究形式的化学,如果没有分析的对立极即综合,就什么也不是了。"[2] 这一论断精准地揭示了单纯分析的局限性:虽然分析可以帮助我们深入了解事物的各个组成

---

[1] 殷杰,郭贵春.自然辩证法概论(修订版)[M].北京:高等教育出版社,2020:141.
[2] 马克思恩格斯文集(第9卷)[M].北京:人民出版社,2009:485.

部分，但如果不能将这些认识整合起来，就无法把握事物的整体规律和本质特征。

门捷列夫的伟大之处恰恰在于他超越了单纯的分析层面，创造性地运用了综合的思维方法。他并没有满足于对单个元素的孤立研究，而是将分析获得的结果进行系统整合，按照原子量与性质的周期性关系将元素排列成一个有机的整体，形成了有关研究对象统一整体的认识。这种综合不是简单的拼凑，而是基于深刻分析的系统性整合，它使周期表呈现出惊人的预见性和解释力。周期表中预留的空格设计尤其体现了整体大于部分之和的辩证思想，展现了科学理论应有的开放性和发展性。门捷列夫预言的新元素如镓、钪、锗等后来都被一一发现，这充分证明了综合方法在揭示事物在分解状态下不曾显现出来的特征的强大功能。周期表之所以能够超越简单的元素分类工具，成为揭示自然规律的哲学框架，正是得益于这种深刻的综合思维。

周期表的成功从根本上说是分析与综合辩证统一的结果。门捷列夫既通过分析深入理解了元素的局部特性，又通过综合把握了元素间的整体规律，使周期表成为兼具解释力和预见性的科学理论。例如，他对铀和碲原子量的修正既体现了分析的精确性（通过比较个别数据发现异常），又展现了综合的洞察力（基于周期性趋势做出判断）。这种辩证思维的应用，使周期表不仅能够解释已知元素的性质，还能为未来发现预留空间。随着科学的发展，后续研究者如莫塞莱发现原子序数才是周期律的真正基础，这一突破既是对门捷列夫分析工作的深化（更精确地量化元素属性），又是对其综合框架的扩展（建立更普适的理论体系）。现代化学将周期表与量子力学相结合，进一步揭示了元素性质的深层机理，这一发展历程生动展现了从分析走向综合的科学演进路径。

门捷列夫的周期表对当代科学研究具有多方面的深刻启示。首先，它雄辩地证明了科学创新必须建立在辩证思维的基础之上，需要分析（细节探究）与综合（整体把握）的有机结合。以现代基因组研究为例，科学家们既需要分析单个基因的功能特性，又需要综合理解基因网络的整体运作机制，二者缺一不可。其次，周期表展现的开放性思维提醒我们，任何科学理论都应该为未来发展预留空间。当代物理学对暗物质、暗能量的探索，正是延续了这种未知预留的哲学智慧。再者，周期表的跨学科影响力表明，现代科学研究越来越需要方法综合与团队综合的思维。当前人工智能与生物医学的交叉融合研究，就是辩证思维在新时代科研中的生动体现。最后，周期表的发展历程还启示我们，科学认识是一个不断深化的过程，需要分析方法和综合思维的交替运用、相互促进。

参考文献

[1]盛根玉.门捷列夫发现元素周期律的历史考察[J].化学教学,2011(05):65-69.

[2]马克思恩格斯文集(第9卷)[M].北京:人民出版社,2009.

[3]门捷列夫百年祭[N].大众科技报,2007-2-1(A04).

拓展阅读

[1]蔡善钰.元素周期表的创立及其三次重要拓展——纪念门捷列夫周期表发表150周年[J].物理,2019,48(10):625-632.

[2]邢如萍,成素梅.门捷列夫的预言及其认识论意义[J].科学技术哲学研究,2010,27(02):50-55.

AlphaFold
——蛋白质结构预测的革命性突破

摘要：人工智能系统 AlphaFold 的核心创新在于其神经网络架构能够从氨基酸序列中准确推断蛋白质的三维结构，为生命科学研究和药物研发提供了强大工具。这一成果不仅显著加速了结构生物学的发展，还深刻影响了生物医学、酶工程等领域，展现了人工智能在解决复杂科学问题中的巨大潜力。AlphaFold 的突破不仅是技术上的胜利，更是科学方法论的典范。它生动展现了如何通过科学抽象抓住本质规律，再通过实践赋予理论以生命力。

关键词：AlphaFold；蛋白质结构预测；人工智能

> **案例描述**

2018年，DeepMind公司推出了基于深度学习技术的AlphaFold系统。该系统采用了创新的神经网络架构，能够直接从氨基酸序列预测蛋白质的三维结构。在当年的国际蛋白质结构预测竞赛（CASP13）中，AlphaFold首次亮相就震惊了整个科学界。在43个预测目标中，AlphaFold成功预测了25个蛋白质的高精度结构，其准确度远超其他参赛团队。特别值得一提的是，在最具挑战性的自由建模类别中，AlphaFold的表现尤为突出，其预测结果的平均全局距离测试得分达到了60分左右，而传统方法通常只能达到40分左右。

AlphaFold的成功关键在于其独特的算法设计。与以往依赖模板的方法不同，AlphaFold采用了端到端的深度学习架构，通过注意力机制和多序列比对信息来推断氨基酸残基之间的空间关系。这种创新方法不仅提高了预测精度，还大大缩短了计算时间。DeepMind团队通过精心设计的损失函数和训练策略，使模型能够自动学习蛋白质折叠的物理规则和进化约束。

2020年，经过两年的持续改进，DeepMind推出了性能更加强大的AlphaFold 2。在CASP14竞赛中，AlphaFold 2的表现达到了前所未有的水平。测试结果显示，对于90%以上的蛋白质靶点，AlphaFold 2的预测精度已经接近实验解析的结构。AlphaFold 2的技术突破主要体现在以下几个方面：首先，它采用了全新的神经网络架构，将注意力机制与几何约束完美结合；其次，引入了更精确的多序列比对方法，能够更好地捕捉进化信息；最后，通过端到端的训练策略，使模型能够自动学习蛋白质折叠的物理规律。这些创新使得AlphaFold 2的预测精度实现了质的飞跃。

2021年7月，DeepMind与欧洲分子生物学实验室（EMBL-EBI）合作，发布了首个全面的蛋白质结构预测数据库。这个数据库最初包含了人类蛋白质组和20种模式生物的约35万个高精度预测结构。[1] "2021年中，该人工智能已经能绘制人体内98.5%的蛋

---

[1] AlphaFold深度学习算法使蛋白结构预测实现飞跃[N].中国医药报,2024-10-24(01).

白质"①，而此前通过实验解析的结构仅覆盖了17%的人类蛋白质序列。数据库的开放获取政策具有划时代的意义。任何研究人员都可以免费访问和使用这些预测结构，这极大地促进了全球生命科学研究的进展。数据库提供了多种数据格式和可视化工具，方便研究人员进行深入分析。据统计，数据库上线后的前6个月内，就吸引了来自190多个国家的50多万次的访问。

2022 年，AlphaFold 的预测范围进一步扩大。最新版本的数据库包含了来自 100 万个物种的超过 2 亿个蛋白质结构预测②，几乎涵盖了所有已知的蛋白质序列。这一规模是之前数据库的数百倍，为全球研究人员提供了前所未有的资源。AlphaFold 的应用已经渗透到生物医学研究的各个领域。在药物研发方面，研究人员利用 AlphaFold 预测的蛋白质结构来设计新型药物分子。例如，在疟疾疫苗开发中，科学家们通过分析预测的蛋白质结构，成功鉴定了多个潜在的疫苗靶点。在抗生素耐药性研究中，AlphaFold 帮助科学家理解了耐药蛋白的作用机制。在环境科学领域，研究人员利用 AlphaFold 设计的酶可以更有效地降解塑料污染物。

AlphaFold 的核心技术突破在于其独特的算法架构。系统首先通过深度学习模型分析多序列比对信息，推断出氨基酸残基之间的共进化关系，然后利用这些信息构建空间约束，通过注意力机制网络预测蛋白质的 3D 坐标。整个过程完全基于数据驱动，不需要预先设定物理规则。AlphaFold 2 在原有基础上进行了多项创新：引入了新的几何注意力机制，更好地处理蛋白质的空间关系；开发了专门的损失函数来优化局部和全局结构特征；实现了端到端的训练流程，使模型能够自动学习最优的表示方法。这些技术创新使得预测精度达到了实验解析的水平。

尽管 AlphaFold 已经取得了巨大成功，但这一领域仍存在许多挑战和机遇。首先，对于蛋白质复合物和动态构象的预测仍需改进；其次，如何将 AlphaFold 与其他计算方法相结合，进一步提高

---

① 刘霞.AI 预测超过 2 亿个蛋白质结构 有望加快新药研发[N].科技日报,2022-8-1(004).
② AlphaFold 深度学习算法使蛋白结构预测实现飞跃[N].中国医药报,2024-10-24(01).

预测精度是一个重要方向；此外，将这项技术应用于膜蛋白等难结晶蛋白质的研究也具有重要价值。AlphaFold 代表了人工智能在科学领域应用的典范。它不仅解决了一个困扰生物学家长达 50 年的重大科学问题，更为整个生命科学研究开辟了新的道路。这项技术的成功展示了跨学科合作的重要性，也预示着计算生物学新时代的到来。随着 AlphaFold 技术的持续发展和应用，它必将为人类健康和可持续发展做出更大贡献。

案例分析

AlphaFold 在蛋白质结构预测领域的革命性突破，不仅展现了人工智能技术的强大潜力，更深刻体现了从抽象到具体的辩证思维过程。AlphaFold 的成功首先源于其独特的算法设计，这一过程体现了科学抽象的核心价值。"科学抽象是科学研究和工程技术实践中，研究主体在特定的科学实践与认识活动中，去除其现象的、次要的方面，抽取其共同的、重要的方面。"[1] AlphaFold 通过深度学习直接从氨基酸序列中挖掘共进化信息，抽象出蛋白质折叠的普遍规律。这使得 AlphaFold 能够超越实验数据的局限，构建起高度概括的预测模型。

科学抽象的直接影响体现在 AlphaFold 的核心技术创新上。其端到端的神经网络架构将多序列比对、注意力机制与几何约束整合为一个统一的框架，这恰好说明了"科学抽象集中体现在科学概念、科学定律及其假说理论等科学系统的形成过程与建立的系统上"[2]。AlphaFold 的预测能力并非偶然，而是通过对海量数据的抽象与凝练，实现了从个别中把握同类事物的一般的飞跃。这种抽象不仅更深刻地反映了蛋白质折叠的本质，也为后续的实践应用奠定了理论基础。

AlphaFold 的突破并未止步于理论抽象，而是通过辩证思维中从抽象到具体的过程，将预测模型转化为实际应用。从抽象到具

---

[1] 殷杰,郭贵春.自然辩证法概论(修订版)[M].北京:高等教育出版社,2020:153.
[2] 殷杰,郭贵春.自然辩证法概论(修订版)[M].北京:高等教育出版社,2020:154.

体是指"研究的下一步是把从感性经验中抽象的、内容贫乏的概念、理论再返回实践的过程"[①]。DeepMind 与 EMBL-EBI 合作发布的蛋白质结构预测数据库,正是这一飞跃的体现。数据库不仅提供了高精度预测结果,还通过开放获取政策将抽象理论与全球研究者的具体需求相结合,实现了给抽象概念和理论赋予丰富的经验和实践内容的过程。在这一阶段,AlphaFold 的预测结果被广泛应用于药物设计、疫苗开发和环境科学等领域。例如,在疟疾疫苗研发中,科学家通过分析预测的蛋白质结构,锁定了潜在靶点。抽象的理论在与具体情境结合后,不仅验证了其正确性,还拓展了其应用边界。当抽象回到具体时,还要与具体情境结合,AlphaFold 的成功恰恰在于它没有停留在实验室的封闭环境中,而是主动融入科学实践的多样性。

AlphaFold 的发展历程完美契合了"从抽象到具体"的两次认识飞跃。第一次飞跃是从实验数据到抽象模型的构建。DeepMind 团队通过分析 CASP 竞赛中的蛋白质序列与结构关系,抽象出共进化规律与空间约束的数学表达。这一阶段是从感性的现实具体上升到思维抽象的过程。第二次飞跃则是将抽象模型应用于真实世界的复杂问题。AlphaFold 2 通过不断优化算法,使其预测精度接近实验解析水平,并最终服务于全球科研需求。这一阶段是从科学的思维抽象逐步使抽象的理论上升到与具体实践相结合的理性的思维具体的过程。

AlphaFold 的案例还揭示了科学实践中容易被忽视的情境性因素。传统观点认为,实验室条件的标准化可以完全排除偶然性,但 AlphaFold 的成功恰恰依赖于对多序列比对、进化信息等具体要素的充分利用。

尽管 AlphaFold 已取得巨大成功,但其未来发展仍需面对新挑战。例如,对蛋白质复合物和动态构象的预测尚未达到理想水平,这要求研究者进一步抽象更复杂的相互作用规律。同时,如何将 AlphaFold 与其他计算方法结合,也需要在具体应用中不断探索。

[①] 殷杰,郭贵春.自然辩证法概论(修订版)[M].北京:高等教育出版社,2020:155.

"科学抽象不是没有限制和条件的抽象"①，未来的研究需要在更广泛的具体情境中检验和完善现有模型。

AlphaFold的案例也为跨学科研究提供了范本。其成功既依赖于深度学习的抽象能力，也离不开生物学具体问题的驱动。这种理论与实践、抽象与具体的动态互动，正是科学进步的核心动力。AlphaFold的突破不仅是技术上的胜利，更是科学方法论的典范。它生动展现了如何通过科学抽象抓住本质规律，再通过实践赋予理论以生命力。这一案例启示我们：科学的真谛不在于抽象与具体的对立，而在于二者的辩证统一。

参考文献

[1]赵云波.AI预测可以代替科学实验吗？——以AlphaFold破解蛋白质折叠难题为中心[J].医学与哲学,2021,4(06):17-21.

[2]刘霞.AI预测超过2亿个蛋白质结构,有望加快新药研发[N].科技日报,2022-8-1(004).

[3]AlphaFold深度学习算法使蛋白结构预测实现飞跃[N].中国医药报,2024-10-24(01).

拓展阅读

[1]许茜.机器人道尽人生苦辣？AI还需"深度学习"[N].科技日报,2016-10-20(006).

[2]张佳星.人工智能"零"生万物？不存在！[N].科技日报,2017-10-24(008).

---

① 殷杰,郭贵春.自然辩证法概论(修订版)[M].北京:高等教育出版社,2020:154.

人类细胞图谱
——探索生命奥秘的新里程碑

摘要：人类细胞图谱计划作为一项重大科学工程，揭示了细胞多样性在疾病机制、器官功能及妊娠调控中的关键作用。国际合作项目人类生物分子图谱计划已在肠道、肾脏和母胎界面研究中取得突破，推动了对克罗恩病、肾病及妊娠并发症的理解。人类细胞图谱研究是创新思维的典范，其成功源于收敛与发散、逻辑与非逻辑思维的辩证统一。这一领域的发展将为精准医疗和疾病治疗带来革命性突破，最终实现揭示生命最深层的奥秘的目标。

关键词：人类细胞图谱计划；细胞谱系；收敛性与发散性思维

案例描述

人体是由约 37 万亿个细胞组成的精密系统,这些细胞在形态、功能和分子特性上存在巨大差异。长期以来,科学家们试图揭示细胞的多样性及其在疾病中的作用,但由于技术限制,研究往往只能停留在组织层面,难以深入单细胞水平。细胞是生命的基本单位,它们在胚胎发育过程中通过分化形成不同的类型,进而构建组织、器官和系统。传统的生物学研究通常采用混合细胞测序,得到的是细胞群体的平均值,掩盖了单个细胞间的异质性。

当前,科技发展的突飞猛进让我们能够以空前的精度解析生物组织的三维构造。正是在这样的背景下,人类细胞图谱计划应运而生。该计划不仅致力于破译细胞的基因表达特征,更着眼于阐明蛋白质、代谢物等生物分子的立体排布规律,最终绘制出一幅完整的"细胞地图"。

在细胞图谱研究领域,人类生物分子图谱计划(Human Bio-Molecular Atlas Program,简称 HuBMAP)是一项重要的国际合作项目。该计划利用单细胞 RNA 测序、多重荧光成像和空间转录组学等技术,绘制人体组织和器官的高分辨率分子图谱。HuBMAP 已在多个器官的研究中取得突破性进展。

斯坦福大学 Michael Snyder 团队分析了八个不同肠道区段的细胞组成,发现不同部位的细胞类型存在显著差异。[①] 例如,小肠上皮细胞具有独特的亚型,某些细胞群体能特异性地调节免疫反应。这些发现有助于理解肠道炎症性疾病(如克罗恩病)的发病机制,并为精准治疗提供新思路。

华盛顿大学 Sanjay Jain 团队对比了健康和病变肾脏的细胞状态,绘制了 51 种主要肾细胞的单细胞图谱。[②] 研究发现,肾脏损伤会引发特定细胞群体的变化,尤其是免疫细胞和上皮细胞的异常互作。这一成果为急性肾损伤和慢性肾病的早期诊断及干预提

---

① 张梦然.人体最复杂器官也能"按图索骥":肠道、肾脏和母胎界面参考细胞图谱公布[N].科技日报,2023-07-20(04).

② 美国绘制出人类肾细胞图谱[EB/OL].(2023-08-24)[2025-01-30].中国国际科技合作网.http://www.cistc.gov.cn/infoDetail.html?id=105338&column=205.

供了分子依据。

妊娠期间，母体与胎儿的细胞在胎盘界面发生复杂互动。斯坦福大学 Michael Angelo 团队分析了妊娠 6—20 周的母胎组织，发现胎盘细胞能重塑母体血管，确保胎儿供血。[1] 此外，某些免疫细胞在维持妊娠耐受性中起关键作用。这些发现对预防流产和妊娠并发症具有重要意义。

人类细胞图谱的构建不仅是一项基础科学研究，更对医学发展具有深远影响。许多退行性疾病（如帕金森病、阿尔茨海默病）的根源在于特定神经元的死亡。通过细胞图谱，科学家可以精确识别这些细胞的分子特征，并在体外培养功能相同的细胞用于移植。例如，帕金森病患者的多巴胺神经元若能被替代，将有望实现根本性治疗。传统药物研发依赖动物模型或细胞系，但这些模型无法完全模拟人体环境。细胞图谱能提供更精确的人类疾病模型，帮助科学家筛选靶向药物。细胞图谱还能揭示以往未知的疾病机制。例如，某些自身免疫疾病可能源于特定免疫细胞的异常激活，而代谢性疾病（如糖尿病）可能与胰岛 β 细胞的功能失调有关。这些发现将为新疗法的开发提供方向。

尽管细胞图谱研究已取得显著进展，但仍面临诸多挑战。首先是数据整合与分析。单细胞测序产生的数据量庞大，如何高效存储、标准化和共享是全球科学家需要解决的问题。人工智能和机器学习技术的应用将有助于挖掘海量数据中的生物学规律。其次是动态变化的捕捉。细胞状态会随环境、年龄和疾病状态而变化，因此图谱需要不断更新。未来，实时单细胞监测技术的发展可能使动态细胞图谱成为现实。最后是隐私问题。细胞图谱涉及大量人类样本，如何确保数据匿名化并合理使用是伦理监管的重点。

人类细胞图谱计划是继基因组计划之后的又一重大科学工程，它将彻底改变我们对生命和疾病的理解。随着技术的进步和国际合作的深化，未来十年内，科学家有望完成整个人体细胞图谱的

---

[1] 张梦然.人体最复杂器官也能"按图索骥"：肠道、肾脏和母胎界面参考细胞图谱公布[N].科技日报,2023-07-20(04).

绘制。这一成果不仅会推动基础生物学的发展，更将为医学带来革命性突破，最终实现个性化医疗和精准治疗的目标。正如显微镜的发明让我们首次看到细胞一样，人类细胞图谱将为我们打开一扇新的科学之窗，揭示生命最深层的奥秘。

案例分析

人类生物分子图谱计划是当前生命科学领域最具前瞻性的国际合作项目之一。这些研究不仅揭示了细胞和组织的复杂多样性，还为疾病治疗和医学发展提供了全新的视角。这些成果的取得离不开科学家们创新思维的运用，尤其是思维的收敛性与发散性、逻辑性与非逻辑性的辩证统一。

图谱研究的核心目标是通过高分辨率技术解析细胞的分子特征和空间分布。这一目标的实现需要科学家将思维集中于特定方向，"思维的收敛性特点是能够使思维集中于一个方向"[1]，斯坦福大学团队通过聚焦肠道不同区段的细胞组成，揭示了小肠上皮细胞的独特亚型及其免疫调节功能。这种收敛性思维帮助科学家从海量数据中提取关键信息，为疾病机制研究提供精确的分子依据。然而，单一收敛性思维可能限制科学发现的广度。人类生物分子图谱计划的研究成果表明，科学家还需要"从一个目标出发，沿着各种不同的途径去思考探求多种答案"[2]。华盛顿大学团队通过对比健康和病变肾脏的细胞状态，不仅分析了51种肾细胞的单细胞图谱，还发现了免疫细胞与上皮细胞的异常互作。这种发散性思维使科学家能够从多角度提出问题。例如，肾脏损伤如何引发特定细胞群体的变化？或能否通过干预免疫细胞改善肾病？这些问题的提出为后续研究开辟了新的路径。

细胞图谱研究的成功离不开收敛性与发散性思维的结合。科学家在数据分析和实验设计时需"在收敛中注意发散，在发散中注

---

[1] 殷杰,郭贵春.自然辩证法概论(修订版)[M].北京:高等教育出版社,2020:160.
[2] 同上。

意收敛"①。斯坦福大学团队在研究母胎互动时,既聚焦于胎盘细胞重塑母体血管的机制(收敛),又探索了免疫细胞在妊娠耐受性中的多种作用(发散)。这种辩证统一的思维模式,使得研究既能深入挖掘特定问题,又能拓展新的研究方向。

细胞图谱研究需要运用严密的逻辑思维方法,其中类比推理和溯因推理尤为关键。在科学探索过程中,类比推理发挥着重要的创新作用。例如,研究人员将肿瘤微环境比作生物群落,通过这种跨学科类比,成功解析了各类细胞间的复杂调控网络。此外,溯因推理帮助研究者从已知事实(如肾脏损伤的分子特征)反推潜在原因(如特定信号通路的异常激活),从而提出可验证的假说。与此同时,科学发现也可能源于非逻辑思维的突然顿悟。"直觉思维是指不受某种固定的逻辑规则约束而直接领悟研究对象某种特性"②,这种思维在技术瓶颈期尤为重要,科学家可能通过灵感设计出新的实验方案。在细胞图谱研究中,逻辑性思维为数据分析和模型构建提供了框架,而非逻辑性思维则帮助科学家跳出常规,提出颠覆性假设。例如,DNA双螺旋结构的发现既依赖于逻辑推理(如 X 射线衍射数据分析),也得益于克里克和沃森的"想象"与"灵感"。这种互补性体现了非逻辑思维开拓思路,逻辑思维整理思路的创造性过程。

细胞图谱研究涉及大量抽象数据,科学家通过构建细胞互作的三维模型或绘制分子空间分布图,使复杂数据可视化,从而更直观地理解细胞功能。在人类心肺细胞的图谱绘制上,细胞图谱就像一本分子指南,展示了健康细胞的样子,并为研究心脏疾病提供了重要参考③。未来,科学家需进一步结合发散性思维(如开发实时监测技术)和收敛性思维(如标准化数据存储)。此外,人工智能的应用可能成为"侦察兵",通过挖掘数据中的隐藏规律,而人类科学家则扮演"军师"角色,聚焦关键问题。

人类细胞图谱研究是创新思维的典范,其成功源于收敛与发

---

① 殷杰,郭贵春.自然辩证法概论(修订版)[M].北京:高等教育出版社,2020:161.
② 殷杰,郭贵春.自然辩证法概论(修订版)[M].北京:高等教育出版社,2020:169.
③ 刘霞.科学家绘出人类心脏细胞最新图谱[N].科技日报,2023-7-17(004).

散、逻辑与非逻辑思维的辩证统一。未来，随着技术的进步，科学家需继续保持思维的张力，以应对数据整合、伦理问题等挑战。想象力比知识更重要，细胞图谱研究不仅需要严谨的科学方法，还需要大胆的想象力和跨界合作。这一领域的发展将为精准医疗和疾病治疗带来革命性突破，最终实现揭示生命最深层的奥秘的目标。

参考文献

[1]吴家睿.人类细胞图谱计划面临的挑战[J].生命科学,2018,30(11):1157-1164.

[2]刘霞.科学家绘出人类心脏细胞最新图谱[N].科技日报,2023-7-17(004).

[3]美国绘制出人类肾细胞图谱[EB/OL].(2023-08-24)[2025-01-30].中国国际科技合作网.http://www.cistc.gov.cn/infoDetail.html?id=105338&column=205.

[4]张梦然.人体最复杂器官也能"按图索骥"：肠道、肾脏和母胎界面参考细胞图谱公布[N].科技日报,2023-07-20(04).

拓展阅读

[1]张佳欣.迄今最大最全人肺细胞图谱公布[N].科技日报,2023-6-9(004).

[2]赵熙熙.人体细胞图谱问世[N].中国科学报,2023-7-21(002).

特斯拉超级工厂
——开启能源变革新时代

摘要：2025 年 2 月，特斯拉上海储能超级工厂正式投产，该工厂通过政企协同、本土化供应链及模块化设计，使特斯拉实现了从电网调峰到可再生能源存储的多场景应用，提升能源利用率 20% 以上。特斯拉上海储能超级工厂的案例深刻揭示了系统科学方法在能源产业中的战略价值，该工厂不仅推动了储能产业链聚集，更以系统科学方法优化工程实践，为全球能源转型提供了范本。

关键词：特斯拉超级工厂；储能技术；系统科学

案例描述

2025年2月中旬,特斯拉位于上海的储能超级工厂迎来正式运营,其首套商用储能设备 Megapack 顺利完成生产。这一具有标志性意义的事件,不仅体现了特斯拉在中国市场布局的进一步拓展,同时也象征着世界能源行业即将开启全新发展篇章。从电动汽车到储能技术,特斯拉正以惊人的速度推动能源变革,而上海超级工厂的诞生,无疑是这一进程中的关键一步。

特斯拉与中国的合作由来已久。2019年,特斯拉上海超级工厂以"当年开工、当年投产"的惊人速度刷新了汽车制造行业的纪录。而最新建成的储能超级工厂更是将建设周期压缩至不足一年,仅耗时9个月便完成全部工程,比特斯拉整车工厂的建造时间还缩短了3个月。这座占地约20万平方米的工厂,相当于30个标准足球场大小,配备了先进的自动化生产线,商用储能系统 Megapack,预计年产能将达1万台,储能规模近40吉瓦时。[1] 如此高效的落地,离不开上海优越的营商环境与完善的供应链体系。上海临港凭借其成熟的汽车产业链、高效的政务服务以及丰富的人才资源,成为特斯拉储能工厂的理想选址。当前,特斯拉在上海设立的超级工厂已实现供应链高度本地化,其采购的零部件中有超过95%来自国内供应商[2]。据统计,该工厂已与长三角地区400余家企业建立了稳定的供货合作关系,其中60多家进入全球供应链体系。长三角地区已形成涵盖电池、芯片、自动驾驶等全生态链,为储能工厂提供了坚实的产业基础。

从2023年4月签约到2025年2月投产,特斯拉储能超级工厂的建设过程堪称高效典范。临港新片区管委会成立专项工作组,每周协调解决施工难题。例如,工厂西侧紧邻河道,运输不便,政府迅速架设临时桥梁,确保工程顺利推进。此外,临港创新推出的"项目服务包"机制,将审批流程大幅优化,使企业能够专

---

[1] 李梦扬.特斯拉上海储能超级工厂启动出口[N].中国证券报,2025-3-29(A05).
[2] 陈茂利.整车厂与供应商"价格博弈"启示录[EB/OL].(2024-12-09)[2025-03-12].中国经济网.http://auto.ce.cn/auto/gundong/202412/09/t20241209_39228869.shtml.

注于生产而非行政手续。这种高效的政企合作模式，为全球制造业树立了新标杆。

Megapack 作为特斯拉储能超级工厂的核心产品，凭借其卓越性能，成为能源存储领域的革命性产品。每台 Megapack 储能系统的电池容量达到 3.9 兆瓦时，这一储能规模能够为 3600 个家庭提供持续 60 分钟的电力供应，或者让 Model 3 电动汽车完成约 3.9 万公里的续航里程。该产品在能量转换过程中损耗低于 10%，并采用可扩展的模块化设计，用户可根据实际使用场景进行容量调整。更令人瞩目的是，特斯拉为 Megapack 提供 20 年质保，展现了其对产品品质的绝对信心。Megapack 的应用范围极为广泛：其一是电网调峰，在用电低谷时储能，用电高峰时放电，有效平衡电网负荷，防止电力短缺；其二是可再生能源存储，与太阳能、风电场配套使用，解决可再生能源间歇性问题，有效提升能源利用率；其三是工商业储能，企业可利用 Megapack 实现峰谷电价套利，降低用电成本。

特斯拉的入驻加速了储能产业链的聚集。宁德时代、比亚迪等电池巨头加大投资，阳光电源、汇川技术等企业则在逆变器、电池管理系统（BMS）领域与特斯拉深度合作。这种协同效应不仅降低了生产成本，更推动了中国储能技术的整体进步。特斯拉在电池管理、系统集成等方面的先进技术为国内企业提供了借鉴。例如，其精准的电池监测算法可有效延长电池寿命，而高度集成的集装箱式设计则提升了安装效率。国内企业如比亚迪、阳光电源已开始吸收这些技术，优化自身产品。

Megapack 通过"削峰填谷"，大幅提升风能、太阳能的利用率，减少化石能源依赖。目前，特斯拉储能系统已在美国、澳大利亚、日本等地广泛应用，为当地电网稳定提供支持。

上海超级工厂生产的 Megapack 已出口至澳大利亚，未来还将覆盖更多地区。特斯拉的全球布局不仅推动了自身业务增长，更为全球能源转型树立了标杆。

尽管前景广阔，特斯拉仍面临行业竞争加剧、政策监管等挑战。国内储能企业为争夺市场，价格战激烈，部分企业甚至陷入亏损。此外，各国对储能接入电网的标准不一，数据安全管理等问题也需进一步规范。然而，随着技术进步与政策完善，储能行业潜力巨大。特斯拉上海超级工厂的投产，不仅是其自身发展的里程碑，更是全球能源变革的重要推动力。未来，特斯拉将继续引领储能技术创新，与全球企业共同迈向清洁、高效的能源新时代。

案例分析

特斯拉上海储能超级工厂的投产不仅是制造业的里程碑，更是系统科学方法在能源产业中的成功实践。从系统分析与综合、软硬系统协同到反馈控制与信息流动，这一案例生动展现了系统思维如何推动复杂工程的高效落地与技术创新。

特斯拉储能工厂的快速投产体现了系统是由相互联系、相互作用的要素组成的有机整体这一核心理念。工厂从签约到投产仅用22个月，背后是长三角地区成熟的产业链生态与政府高效服务的协同作用。工厂将相互作用的元素综合体拆解为土地、供应链、审批流程等子系统，并通过精准优化实现高效运作。例如，临港专项工作组通过架设临时桥梁解决运输难题，正是系统分析中局部问题精准干预的典型应用。同时，年产能一万台 Megapack 的成果，源于特斯拉将中国供应链（95%本土化率）与全球技术标准（如模块化设计）的系统综合。这种从部分与整体的相互依赖中揭示规律的方法，验证了系统综合需结合工程实践提取方法论的观点。现代制造业竞争已从单点技术突破转向系统综合集成能力的比拼，企业需在开放系统中实现要素的动态平衡。

储能工厂的建设面临政策、环境等多重不确定性，需借助软系统方法处理模糊情境。初期选址涉及土地规划、环保评估等软问题，政府通过项目服务包机制将其转化为可量化的审批流程，体现了软硬系统对立统一的思维。在工厂设计阶段，特斯拉采用黑箱方法模拟中国电网需求，通过外部测试（如模块组合实验）优化产品性能，最终实现 Megapack 20 年质保的硬性标准。与硬系统方法论直接处理确定性问题不同，特斯拉通过多次试错实践将软问题（如本地化适配）转化为可执行的工程方案，印证了系统观是认识世界的方式这一哲学立场。这一过程表明，复杂工程的成功不仅依赖技术硬实力，更需灵活运用系统思维应对不确定性。

Megapack 的电网调峰功能本质是一个负反馈控制系统。其削峰填谷模式通过输出电能反哺输入需求实现电网稳定，恰好体现了反馈是控制论的基本概念。数据显示，该技术提升可再生能源利用率 20%，验证了负反馈增强系统稳定性的理论。与此同时，工厂通过实时监测电池数据（如充放电效率）优化生产，这种以信息流洞察系统状态的方式，呼应了信息方法不割断系统联系的特点。特斯拉的 BMS（电池管理系统）算法延长电池寿命，正是功能模拟方法的体现，即通过已知模型（如芯片监测）模拟未知损耗，而非依赖结构解剖。这种基于信息反馈的动态优化，使得储能系统能够在复杂环境中保持高效运行。

上海工厂作为开放系统，其成功依赖全球能源网络与本地化创新的互动。工厂进口澳洲锂矿，出口 Megapack 至日本，形成跨洲际的能量与信息交换。与此同时，宁德时代等企业吸收特斯拉的集成技术，推动中国储能产业升级，体现了系统科学方法横向抽象认识对象的价值。特斯拉的全球布局不仅加速了技术扩散，也促使各国在储能标准上寻求协同，进一步强化了系统的整体稳定性。

特斯拉上海储能超级工厂的案例深刻揭示了系统科学方法在能源产业中的战略价值。其成功启示我们：首先，复杂工程的高效落地需依托系统分析与综合的协同，既要精准优化子系统（如供应链、审批流程），又要通过整体集成（如本土化与全球标准的结合）释放系统效能；其次，面对不确定性，软硬系统思维的灵活转换至关重要，将模糊问题（如政策适配）转化为可执行的方案，是技术创新的关键；再次，反馈控制与信息流动的动态优化能显著提升系统稳定性，这为可再生能源的高效利用提供了方法论支撑；最后，开放系统的全球互动（如跨洲际资源整合与技术扩散）展现了系统思维的横向价值，推动产业升级与国际协同。特斯拉上海工厂的实践，为全球碳中和目标提供了范本，展现了系统思维在应对复杂挑战时的强大生命力。

参考文献

[1]特斯拉上海储能超级工厂在临港正式投产将助力中国成为全球储能产业链核心[EB/OL].(2025-02-14)[2025-04-21].中国环境网.https://www.cenews.com.cn/news.html?aid=1196554.

[2]中国环境网.特斯拉上海储能超级工厂在临港正式投产,将助力中国成为全球储能产业链核心[EB/OL].https://www.cenews.com.cn/news.html?aid=1196554.

[3]李梦扬.特斯拉上海储能超级工厂启动出口[N].中国证券报,2025-3-29(A05).

[4]周渊.特斯拉上海储能超级工厂投产[N].文汇报,2025-2-12(002).

[5]陈茂利.整车厂与供应商"价格博弈"启示录[EB/OL].(2024-12-09)[2025-03-12].中国经济网.http://auto.ce.cn/auto/gundong/202412/09/t20241209_39228869.shtml.

[6]特斯拉官网[EB/OL].https://www.tesla.cn/megapack.

拓展阅读

[1]朱珉迕.让"特斯拉速度"变成"上海速度"[N].解放日报,2019-8-9(002).

[2]华平.从"年产过千万"看"特斯拉效应"[N].人民日报,2024-11-16(003).

事件视界望远镜
——人类首次"看见"黑洞的全球科学壮举

摘要：2019年4月上旬,国际天文研究团队通过事件视界望远镜项目首次向公众展示了人类直接获取的黑洞影像,这一成果成为现代天文学的重要里程碑。借助分布在世界各地的射电望远镜网络及超长基线干涉技术,科研人员成功拍摄到M87星系核心区域超大质量黑洞的清晰影像,这一发现有力地证实了爱因斯坦广义相对论的理论预言。黑洞观测案例表明,现代科学实践已超越单一方法,走向观察、实验、理论与技术的协同。事件视界望远镜的成功体现了科学观察、实验技术与国际合作的紧密结合,为探索宇宙奥秘提供了新范式。

关键词：事件视界望远镜；黑洞；国际合作

案例描述

在遥远宇宙的深处，存在着一些极端的天体——黑洞。这些神秘的存在以其巨大的引力场，吞噬着周围的一切物质，连光也无法逃脱其束缚。长久以来，黑洞一直是科学家们研究的热点话题，但直到2019年4月10日，人类才第一次真正"看到"了黑洞的模样[1]，这张黑洞照片是对爱因斯坦广义相对论的又一次伟大验证。

自20世纪初，爱因斯坦提出广义相对论以来，科学家们便开始思考黑洞的可能性。然而，直到20世纪70年代，我们才能通过间接手段观测到黑洞存在的证据。例如，当一个恒星或气体云靠近黑洞时，它们的行为会受到黑洞强大引力的影响，这为我们提供了关于黑洞存在的线索。但是，直接观测黑洞本身仍然是个挑战，因为黑洞不发光，它周围的环境极其复杂。科学家们已经通过多种方法来探测和研究黑洞，例如观测它们对周围光线的弯曲效应，或者捕捉它们与其他天体碰撞时产生的引力波。

为了实现这一看似不可能的任务，全球超过200名科学家共同参与了一个名为事件视界望远镜的合作项目。该项目的核心技术在于构建一个等效于地球直径的虚拟射电观测系统。这一创新性方案整合了全球多个高海拔天文观测站点的资源，其中包括智利阿塔卡马沙漠的ALMA毫米波阵列观测站、南极洲的极地望远镜等重要设施。借助超长基线干涉测量技术（VLBI），这些地理上分散的观测设备能够实现精确同步，共同捕捉宇宙深处的微弱电磁波信号，所有采集的数据最终会汇总至核心计算平台进行综合处理与深度解析。

根据名称和性质，黑洞几乎是不可见的，但它们可以通过它们创造的极端环境来显示自己。当它们吸进灰尘和气体时，这些物质会加热并在圆盘中发光，形成一个明亮的背景，在这个背景上可以看到黑洞的轮廓。事件视界望远镜（EHT）实质上是一个全球联网的射电观测系统，该系统通过将分布在世界各地的多台射

---

[1] 余建斌."黑洞"照片让我们看见了什么[N].人民日报,2019-04-15(05).

电望远镜进行精确的时间同步和协同观测，构建出一个等效于地球直径的超大型虚拟观测装置。这样，它就能够观测到极其微弱和细微的射电信号，从而揭示出黑洞的轮廓和特征。

2019年4月，EHT国际合作团队开创性地运用这一创新观测方法，首次向世界呈现了黑洞的直接视觉证据。这一历史性影像记录的是位于室女座星系团M87椭圆星系核心区域的超大质量致密天体。该天体质量异常巨大，堪称宇宙中的"怪物"黑洞。其质量约为65亿倍太阳质量[1]。该天体被一圈明亮的光环环绕，光环是由高温等离子体组成的吸积盘发出的辐射。黑洞本身则表现为一个黑暗的区域，标志着光线无法逃逸的边界。这张模糊却意义非凡的照片不仅证明了黑洞的存在，也进一步验证了爱因斯坦广义相对论中关于黑洞结构和行为的预测。

随后，EHT并没有停下脚步，而是继续深入探索其他黑洞。随后，EHT发布了英仙座A星系中心超大质量黑洞喷发的巨大能量喷流特写图像。英仙座A星系是英仙座星系团的中心星系，它相当于宇宙的后院，使得这个黑洞成为距离我们最近的超大质量黑洞之一。这项发现揭示了黑洞与磁场之间的复杂互动，以及这种互动如何影响黑洞周围的物质分布和运动。此外，EHT还捕捉到了人马座A的射电射流，这是银河系中心的黑洞，虽然质量较小，但它活跃地发射出强大的物质喷流，为研究黑洞与喷流的关系提供了新的视角。

事件视界望远镜的成功不仅是天文学的一大步，也是人类智慧和合作精神的象征。它展示了即使面对最神秘和难以捉摸的自然现象，只要人类携手共进，就能不断突破知识的界限，揭开宇宙的秘密。随着技术的进步和更多国际合作项目的开展，我们将能够解答更多关于黑洞乃至整个宇宙的疑问。而这一切，都始于那个激动人心的时刻——当我们首次"看到"黑洞的那一天。

---

[1] 5个问题快速看懂银河系中心超大质量黑洞的首张照片[EB/OL]. (2022-5-13)[2025-02-16]. 环球网. https://world.huanqiu.com/article/47zEdULeeJv.

案例分析

人类首次直接观测到黑洞的案例，不仅是天文学的重大突破，更是科学实践方法论的生动体现。这一成就的背后，融合了科学观察、实验技术、国际合作以及理论验证等多重元素，深刻揭示了科学研究的复杂性和创造性。

黑洞本身不发光，其直接观测的难度远超传统天体。事件视界望远镜项目通过部署在全球各地的射电观测站点网络，借助超长基线干涉测量技术（VLBI）的突破性应用，成功获取了黑洞边缘结构的观测数据。这一过程体现了科学观察中间接观察的核心价值，即借助仪器或工具观察可以看到原来看不到的对象深处。EHT的观测机制突破了传统光学观测的限制，其创新性地采用多台天文设备协同运作的方式，将收集到的微弱电磁波信号通过复杂算法重建为可视化图像。理论模型显示，当黑洞周围物质释放的光线经过其强大引力场时，会产生显著的光线偏折现象，形成环绕黑洞的明亮光环，而光环中心呈现的暗区正是黑洞事件视界的直接表现。

EHT所探测的目标并非普通光学望远镜可直接观测的实体，而是借助高温等离子体释放的电磁辐射间接呈现的天体特征。现代天文观测已超越简单的"目视"范畴，本质上是一种综合性的科学探索过程。科学家通过设计观测方案、选择特定波段（如亚毫米波），主动介入了黑洞的观测环境，而非被动等待现象出现。这种有目的的干预，正是科学观察从观看升级为研究的关键。

EHT项目虽未在传统实验室中进行，但其虚拟的地球尺度实验室同样体现了科学实验的特性。科学实验的核心在于人为控制或变革研究对象，而EHT通过同步全球望远镜的数据，模拟了一个超高分辨率的观测环境，纯化了黑洞周围的复杂干扰因素。这种实验室的构建，使得科学家能够强化对象及其条件，从而捕捉到原本被宇宙尘埃和距离掩盖的信号。

黑洞图像的生成依赖于复杂的算法和数据处理，EHT的仪器不仅收集数据，还通过算法（如CHIRP）重建图像。实验仪器是连接实验者与实验对象之间的桥梁，仪器不仅体现了实验意图，而且反映着实验对象的特性。正如马克思所言,科学仪器是划分经济时代的指示器①,而 EHT 的先进技术正是当代科学实践能力的标志。

黑洞图像的公布看似是计划内的成果,但其中不乏机遇的作用,例如,EHT 在观测过程中需应对天气、设备同步等不可控因素,而科学家通过灵活调整观测计划,最终抓住了短暂的机会窗口。此外,黑洞研究史上的许多发现(如引力波的探测)属于意外发现。奥斯特发现电磁效应属于目标明确但场合意",而 EHT 对 M87 黑洞的观测则属于发现本身的意外,即科学家未曾预料到吸积盘的光环结构如此清晰。这种机遇的把握,既依赖技术积累,也离不开科学家的创造性能力。

EHT 的成果完美诠释了观察、实验与理论的辩证关系。一方面,黑洞图像直接验证了爱因斯坦广义相对论对事件视界的预测,体现了理论规范实验的作用;另一方面,观测数据中喷流行为的细节又促使理论模型进一步细化(如磁场作用的量化),展现了实验推动理论的动态过程。EHT 的观测并非中性记录,而是渗透着理论的实践。科学家需预先根据广义相对论设计算法,以区分噪声与真实信号。这种理论与技术的交融,打破了理论优位的传统科学哲学观,印证了实践比理论更为活跃的论断。

EHT 的成功得益于全球 200 多名科学家的合作,体现了科学实践的集体性。然而科学实践具有双重性:技术的进步可能伴随自然性的丧失。例如,EHT 的观测依赖于对地球电磁环境的改造(如屏蔽干扰信号),若过度扩展此类技术,可能影响其他天文观测。科学需在介入自然与保护自然间寻求平衡。

此外,黑洞研究的投入与回报(如短期内无直接应用价值)也引发对科学目标的思考。科学实践不仅是解决问题,更是探索未知,其价值需放在人类认知拓展的维度上衡量。黑洞观测案例表明,现代科学实践已超越单一方法,走向观察、实验、理论与技术的协同。EHT 的实验室、全球协作模式以及对机遇的把握,均为未来研究提供了范式。科学的发展始终是操作和介入世界的

---

① 殷杰,郭贵春.自然辩证法概论(修订版)[M].北京:高等教育出版社,2020:198.

方式，但唯有在技术狂热中保持对自然的敬畏，方能真正揭开宇宙的秘密。

参考文献

[1]吴学兵.史上首张黑洞照片的科学与技术[J].科学通报,2019,64(20):2082-2086.

[2]余建斌."黑洞"照片让我们看见了什么[N].人民日报,2019-04-15(05).

[3]5个问题快速看懂银河系中心超大质量黑洞的首张照片[EB/OL].(2022-5-13)[2025-02-16].环球网.https://world.huanqiu.com/article/47zEdULeeJv.

拓展阅读

[1]吴月辉,黄晓慧.宇宙深处,定格黑洞"全景[N].人民日报,2023-5-4(008).

[2]张佳欣.事件视界望远镜实现地表最高分辨率观测[N].科技日报,2024-8-29(004).

共享单车调度算法
——从人工调度到智能优化的进化

摘要：共享单车调度算法通过持续进化解决了城市短途出行中的资源优化难题。面对车辆定位差异、需求波动、政策差异等八大核心挑战，现代算法确立了"多快好省"的优化方向，实现了广覆盖、实时响应、全局最优和资源高效利用。仿真系统的引入通过数字孪生技术精准模拟车辆流动，结合离线与实时计算，显著提升了算法测试效率与准确性。这一技术演进不仅重塑了共享单车运营模式，还为智慧城市建设提供了方法论支持，展现了数学建模与系统思维在解决复杂现实问题中的关键作用。

关键词：共享单车；调度算法；资源优化；智慧城市

案例描述

在共享经济蓬勃发展的今天，共享单车作为城市短途出行的解决方案，已成为现代都市生活不可或缺的一部分。然而，随着用户需求的不断增长和城市环境的日益复杂，如何高效调度这些两轮车辆成为运营企业面临的核心挑战。

共享单车调度本质上是一个资源优化配置的过程，旨在将有限的车辆资源合理地分配到不同时空维度的需求点上。这一过程需要同时兼顾三大主体的利益诉求：对车辆而言，追求高需求满足率、低迁移成本和高效周转率；对运维人员而言，需要提升工作效率并改善工作体验；对用户而言，则期待获得便捷、可靠的骑行服务。与传统的外卖或网约车调度相比，共享单车调度呈现出独特的复杂性。在任务生成阶段，单车调度需要考虑更多变量——不仅需要精准把握算法触发的时机，还需纳入天气变化、季节因素、城市管理政策乃至竞争对手行为等外部条件。而在履约管控环节，由于缺乏类似网约车的用户即时评价体系，对运维人员执行效果的监督反而变得更加困难。

实际运营中，调度算法面临八大核心挑战：车辆定位精度差异导致的定位不准，共享单车乱停乱放运维人员需收集分散车辆的物理困难[1]，骑行需求的季节性及高峰波动，车辆投放与用户需求间的结构性失衡，不同城市发展阶段带来的政策差异，算法决策过程透明度不足导致的"黑盒"效应，运维信息更新延迟造成的数据孤岛，以及多因素叠加引发的计算复杂度激增。这些挑战共同构成了一个多维立体的难题矩阵，推动着调度算法不断进化。

面对复杂挑战，现代共享单车调度算法确立了"多快好省"的优化方向，通过技术创新实现全方位提升。"多"体现在算法覆盖的广度上。先进的调度系统能够支持"千城千策"的个性化策略，针对不同城市特点定制调度方案。通过建立站点组策略，算法可以同时处理多个关联站点的协同调度，显著扩展了应用场景的覆盖范围。"快"则强调系统的实时响应能力。当代算法已将需

---

[1] 郑芷南. 共享单车停放范围"缩水"？[N]. 山东商报, 2024-6-18(004).

求预测、任务派发和决策制定全流程实时化，结合智能路径规划技术，为运维人员提供最优移动路线。这种实时性确保了系统能够迅速应对突发需求变化，如天气骤变或大型活动引发的局部用车高峰。"好"关注各方体验的优化提升。通过全局匹配算法，系统能够综合考虑所有相关因素，实现整体最优而非局部最优的调度决策。任务聚合技术将多个离散任务智能整合，减少运维人员的无效移动，而精准的收益预估模型则帮助平衡短期运营需求与长期经济效益。"省"着眼于资源利用效率的最大化。弹性计算框架使系统能够根据实际负载动态调整计算资源，避免资源浪费；而基于历史数据的波动预警机制，则能提前预测需求变化，实现资源的精准预分配。

为克服传统算法测试周期长、干扰因素多、评估不准确等痛点，共享单车行业创新性地引入了仿真系统技术，通过数字孪生实现对物理世界的精准模拟。仿真系统的核心技术在于对车辆自然流转过程的数学建模。系统首先计算特定时刻站点的车辆流出量，综合考虑站点基础信息、实时车辆数、历史需求模式、骑行时长等静态特征，以及车辆电量、标签状态等动态数据，再纳入节假日、天气等外部因素。通过筛选历史同期数据并剔除异常值（如故障车辆），系统能够计算出高度可信的流出量预测。更为复杂的是站点间转移概率的建模。系统分析历史订单流转数据和站点间骑行时间，结合轮盘赌选择法模拟现实世界中的随机事件（如突发天气或交通管制），生成概率分布模型。将流出量与转移概率矩阵相结合，便可模拟出整个城市范围内车辆的动态流动情况。评估仿真准确度的关键指标是"逼真度"，即仿真结果与真实世界数据的一致性程度。借鉴伪时间排序分数（POS）算法设计的排序相似性评估方法，可以从时间和空间两个维度量化仿真质量。实际测试表明，先进仿真系统的时间维度相似度可达93%，空间维度相似度达85%[1]，为算法测试提供了可靠环境。

仿真系统的工程实现依赖于强大的技术中台。面对海量数据

---

[1] 调度算法评测与仿真系统[EB/OL].（2022-09-21）[2024-12-27]. 哈啰官方技术号. https://segmentfault.com/a/1190000042518885？utm_source=sf-similar-article.

（覆盖近千城市、百万站点、千万车辆）和复杂数据结构，系统采用离线数仓预处理与实时计算相结合的方式，平衡了计算成本与响应速度。微服务架构将平台划分为调度中心、数据计算中心、分析统计中心和数据中心，确保了系统扩展性和灵活性。仿真系统的应用带来了革命性的效率提升：城市覆盖范围从有限的试点城市扩展到全国400多个城市的自由选择，算法评估周期从周级别缩短至小时级别，线上回收正向率预计提升两倍，评估指标从简单粗放发展为多维度定制化，干扰因素从不可控变为可调节参数，整个过程从黑箱操作进化为可回放、可分析的透明流程。当前，共享单车调度算法已进入平台化阶段，实现了算法测试的标准化和规模化。展望未来，技术发展将沿着三个方向持续进化：场景化建模将实现业务场景的无缝接入和灵活扩展；智能化仿真将通过机器学习自动感知特征数据、自主更新规则模型；业务赋能则将算法能力扩展到更多城市管理领域，如交通流量预测、城市规划评估等。

共享单车调度算法的进化历程，展现了一个传统运维问题如何通过技术创新转变为智能决策系统的典范。从最初的简单规则到今天的多目标优化，从人工经验主导到数据驱动决策，这一技术演进不仅提升了企业运营效率，更重塑了城市短途出行的生态格局。随着人工智能技术的深入应用，共享单车调度算法必将在智慧城市建设中发挥更加关键的作用。

案例分析

共享单车调度算法的演进，是现代科技将复杂现实问题转化为智能决策系统的典范。这一过程不仅体现了技术创新对城市出行生态的重塑，更深刻展示了数学方法与系统思维在解决多维挑战中的核心作用。

共享单车调度问题的本质是资源在时空维度上的动态配置，其复杂性远超传统物流调度。案例中提到的八大核心挑战（如定位精度差异、需求波动、政策差异等）均涉及大量非线性变量。数学建模方法通过对现实原型进行分析，抓取最重要的特征和变量关系,将这些问题转化为可计算的数学模型。确定性模型用于处理固定规律,如站点间的骑行时间与距离关系;随机性模型则通过概率论刻画需求的季节性波动或突发天气影响。案例中的仿真系统正是数学建模的集大成者,它通过计算站点流出量和构建转移概率矩阵,将车辆流动抽象为微分方程与概率分布的复合模型。共享单车调度模型同样以数学语言模拟了车辆与需求的动态平衡,这一过程呼应了微分方程能够抽象地描述捕食者与被捕食者的关系的重要作用[①]。同样,模型的逼真度验证(时间维度相似度93%)体现了数学统计方法的应用。通过对大量随机现象进行有限次观测,系统剔除异常值并筛选历史数据,确保模型输出与现实的吻合度。这种数据驱动的建模方式,正是现代科学技术研究中数学作为辩证辅助手段的生动实践。

共享单车调度涉及车辆、运维人员、用户及城市管理等多主体利益,案例中强调算法需实现"多快好省"的优化目标。这种多目标协同的诉求,体现了系统思维中的整体性和关联性。调度系统被分解为数据计算中心、分析统计中心等微服务模块,这与系统科学将复杂问题分解为子系统处理的思路一致。例如,需求预测模块专注于时间序列分析,路径规划模块则基于图论优化,各子系统通过数学接口实现数据交互。系统通过实时数据更新调整调度策略,形成"感知—决策—执行"的闭环。例如,高峰期的车辆调度优先保障核心商圈需求,再通过转移概率矩阵平衡周边区域供给。运维人员的工作体验优化是算法设计的难点之一。

仿真系统的引入,标志着共享单车调度从经验驱动转向科学实验驱动。仿真系统通过数字孪生技术构建虚拟城市环境,其核心是伪时间排序分数(POS)算法。这种实验方法超越了传统物理模型的限制,允许研究者通过调整参数观察系统响应,从而验证算法的鲁棒性。海量数据处理需要离线数仓与实时计算的协同,而微服务架构则确保了系统的扩展性。这种工程实现本质上是数学实验方法与系统思维的结合。正如习近平总书记所指出的:"坚持创新发展,既要坚持全面系统的观点,又要抓住关键,以重要领

[①] 殷杰,郭贵春.自然辩证法概论(修订版)[M].北京:高等教育出版社,2020:176.

域和关键环节的突破带动全局。"① 技术中台作为实验平台,既需数学工具的高效性,又需系统科学对模块耦合度的精准控制。仿真系统的成果不仅优化了调度算法,更被拓展至交通流量预测等城市管理领域。这体现了数学实验的终极价值:数学方法应推动科学各学科的发展。共享单车调度算法的进化,正是通过"数学建模—实验验证—场景扩展"的循环,实现了技术红利向社会效益的转化。

共享单车调度算法的案例揭示了一个普适规律:复杂现实问题的解决,需要数学方法与系统思维的深度融合。数学提供形式化语言与量化工具,而系统思维确保多维度目标的协同优化。二者结合,方能实现从黑箱操作到透明流程的质变。展望未来,随着人工智能技术的渗透,数学模型的自学习能力将进一步提升算法适应性;而系统思维的跨域整合特性,则可能将共享单车调度纳入更宏大的城市操作系统中。这一进程不仅印证了恩格斯数学是辩证的辅助手段的论断,更将为智慧城市建设提供方法论范式——在数学的精确性与系统的整体性之间,寻找技术赋能社会的黄金平衡点。

参考文献

[1]调度算法评测与仿真系统[EB/OL].(2022-09-21)[2024-12-27].哈啰官方技术号.https://segmentfault.com/a/1190000042518885?utm_source=sf-similar-article.

[2]郑芷南.共享单车停放范围"缩水"?[N].山东商报,2024-6-18(004).

[3]许珊珊.共享单车治理的"淄博经验"[N].淄博日报,2024-8-3(012).

拓展阅读

[1]王永战.建智能平台,助单车管理[N].人民日报,2021-11-16(004).

[2]陶涛,陈思.共享电单车如何好骑又好停[N].宁夏日报,2024-8-8(007).

---

① 习近平.在省部级主要领导干部学习贯彻党的十八届五中全会精神专题研讨班上的讲话[N].人民日报,2016-5-10(002).

智能家居语音控制系统
——语音识别技术走进千家万户

摘要：智能家居语音控制系统凭借便捷、高效的交互方式，正快速普及并深刻改变现代家庭生活。该系统通过语音识别、语义理解和设备联动技术，实现灯光、家电、安防等设备的智能控制，提升生活便利性和舒适度。智能家居语音控制系统的发展，是科学抽象与具体实践紧密结合的经典案例，这一过程展现了科技如何从理论走向实践，并最终改变人们的生活。随着人工智能和5G技术的发展，语音控制系统将朝着更自然的交互、多模态融合及节能环保方向演进，成为智能家居生态的核心组成部分。

关键词：智能家居；语音控制系统；人工智能

案例描述

随着科技的飞速发展,智能家居已经从概念逐渐走入现实生活。作为智能家居领域的重要组成部分,语音控制系统以其便捷、高效的特点,正快速渗透到千家万户,改变着人们的生活方式。通过语音指令控制家居设备,不仅解放了双手,还大大提升了家居生活的便利性和舒适度,其中语音控制功能成为用户最常用的交互方式之一。

智能家居语音控制系统的核心技术包括语音识别、语义理解和设备联动。其实现方式主要依赖于家庭网关和云端服务的协同工作。家庭网关作为智能家居的核心,负责将语音指令转换为设备可识别的信号,并通过无线或有线网络传输到具体设备。在通信技术方面,语音控制系统通常采用 Wi-Fi、蓝牙或 Zigbee 等无线协议,确保设备间的稳定连接。而且,该智能系统兼容多元操控模式,包括近场语音指令、移动终端远程控制及智能场景联动功能,以适应各类使用环境。值得一提的是,新一代语音交互系统具有自适应学习特性,可通过分析用户行为数据持续改进反馈机制,从而为用户定制专属服务体验。比如,系统可以记住用户偏好的灯光亮度和温度设置,并在特定时间自动调整。

在家庭生活中,语音控制系统的应用场景极为丰富。用户可以通过语音指令开关灯光、调节亮度或切换颜色,无需起身操作开关。空调、电视、洗衣机等家电均可通过语音命令启动、关闭或调整模式。系统还可以与门锁、摄像头联动,用户通过语音即可查询安防状态或远程开门。窗帘开合、空气净化器启停等环境调节功能也能通过语音轻松实现。语音控制系统的优势在于其高度的便捷性和人性化设计。对于老年人和行动不便者,语音控制减少了物理操作的困难,父母在开关机、更换频道、点播节目等操作时,只需要发出语音指令就可以完成操作;对于忙碌的现代家庭,语音交互节省了时间,提升了生活效率。此外,语音控制还能与智能家居的其他功能无缝结合,例如在启动"观影模式"时自动关闭灯光、拉上窗帘并打开电视。

智能家居语音控制系统的发展与智能家居行业的整体演进密不

可分。在早期阶段，语音控制技术主要应用于简单的指令操作，功能有限且识别精度不高。随着人工智能技术的突破，语音控制的准确性和响应速度显著提升，开始支持自然语言交互和多轮对话。如今，语音助手已成为智能家居的标准配置，各大厂商纷纷推出集成语音控制功能的智能设备，形成完整的生态系统。当前，市面上常见的智能语音助手主要有亚马逊的 Alexa、谷歌的 Google Assistant、苹果的 Siri，以及国内厂商推出的小爱同学和天猫精灵等产品，这些系统不仅支持中文等多种语言，还能与成千上万的智能设备兼容，为用户提供全面的智能家居体验。

尽管语音控制系统发展迅速，但仍存在一些亟待解决的问题。语音数据的收集和处理可能引发用户对隐私泄露的担忧，需要更完善的数据保护机制。不同品牌设备间的兼容性问题仍然存在，行业标准尚未完全统一。此外，在嘈杂环境中，语音识别的准确性可能下降，影响用户体验。针对这些问题，行业正在通过技术升级和标准制定逐步解决。例如，采用本地化数据处理减少云端依赖，以及推动跨平台协议的统一。

展望未来，智能家居语音控制系统将朝着更自然的交互方向发展。通过情感计算和上下文理解，系统将能够更准确地捕捉用户意图，实现真正自然的对话。语音控制还将与手势、眼神等其他交互方式结合，提供更丰富的操作选择。边缘计算的应用将使部分计算任务在本地设备完成，降低延迟并提升隐私保护水平。此外，语音控制系统将参与家庭能源管理，优化用电效率，实现节能环保。随着 5G 和物联网技术的普及，语音控制系统将进一步融入人们的日常生活，成为智能家居不可或缺的一部分。它不仅会改变家庭设备的使用方式，还可能重塑人与技术的关系，让科技服务更加人性化、智能化。

智能家居语音控制系统正以其独特的便利性走进千家万户，成为现代家庭生活的新标配。从技术实现到应用场景，从发展现状到未来趋势，这一系统展现了科技改变生活的无限可能。尽管挑战犹存，但随着技术的不断进步和行业的持续创新，语音控制系统必将为人们带来更加智能、舒适的家居体验，真正实现"动口不动手"的智慧生活。

案例分析

　　智能家居语音控制系统的快速发展，展现了科技如何从抽象概念逐步落地为具体应用，并深刻改变人们的生活方式。这一过程不仅体现了技术创新的力量，也反映了科学抽象与具体实践之间的辩证关系。

　　智能家居语音控制系统的核心技术，如语音识别、语义理解和设备联动，是科学抽象的典型产物。"科学抽象是科学研究和工程技术实践中，研究主体在特定的科学实践与认识活动中，在对研究对象的思维把握中对同类事物去除其现象的、次要的方面，抽取其共同的、重要的方面。"[①] 语音交互系统的核心原理在于分析人类语音模式，提取声学特征参数，并将其转换为计算机可处理的命令信号。这种抽象过程不仅提升了技术的普适性，还使其能够适应多样化的用户需求。语音识别技术最初仅能处理简单的指令，但随着人工智能的发展，系统逐渐能够理解自然语言和多轮对话。这一进步源于科学家对语言本质的抽象和建模，将复杂的语音信号转化为可计算的参数。这种抽象不仅提高了技术的准确性，还为其广泛应用奠定了基础。此外，语音控制系统的学习能力也是科学抽象的体现。"抽象可以在纷繁复杂的关系中找出关键联系，简化和升华认识"[②]，系统通过分析用户的使用习惯，抽象出个性化的偏好模式，从而提供更精准的服务。

　　智能家居语音控制系统的发展，完美诠释了从抽象到具体的辩证过程。从抽象到具体包括两次飞跃：第一次是从感性的现实具体上升到思维抽象，第二次是从思维抽象回归到具体实践。语音控制技术的第一次飞跃是从具体的人类语言行为抽象出核心算法。语音控制技术的早期研究基于对人类语言行为的观察和分析，科学家通过实验室环境下的纯化实验，抽象出语音信号的关键特征，并建立数学模型。这一阶段的研究虽然脱离了具体的应用场景，

[①] 殷杰,郭贵春.自然辩证法概论(修订版)[M].北京:高等教育出版社,2020:153.
[②] 殷杰,郭贵春.自然辩证法概论(修订版)[M].北京:高等教育出版社,2020:154.

但为技术奠定了基础。早期的语音识别系统只能在安静环境下工作,识别率有限,但这并不妨碍科学家从中抽象出核心算法。随着技术的成熟,语音控制技术完成了从抽象到具体的第二次飞跃。抽象的语音识别模型被应用到具体的家庭场景中。系统需要适应嘈杂环境、方言差异以及多样化的用户需求,这一阶段的研究更加注重实践中的具体问题,例如通过本地化数据处理提升隐私保护水平。这种从抽象回归具体的过程,使得技术能够真正服务于用户。从抽象到具体的过程,是给抽象概念和理论赋予丰富的经验和实践内容的过程。智能家居语音控制系统的成功,正是因为它不仅停留在理论层面,而是通过不断优化和迭代,解决了实际应用中的问题。

智能家居语音控制系统的发展充分体现了具体情境的重要性。例如,语音控制在家庭环境中的应用,需要考虑老人、儿童等特殊群体的需求。老年人的语音指令可能含糊不清,儿童可能使用非标准化的语言,这些具体情境要求技术具备更强的适应能力。此外,不同品牌设备间的兼容性问题,也是具体实践中需要解决的挑战。这些问题的解决,不仅依赖于技术的抽象模型,更需要结合实际场景进行优化。语音控制系统能够根据用户习惯自动调整灯光亮度和温度,这正是技术从抽象模型回归具体实践的体现。系统通过分析具体用户的行为数据,抽象出规律,再将其应用到个性化服务中,实现了理论与实践的完美结合。

展望未来,智能家居语音控制系统将进一步融合抽象技术与具体需求。情感计算和上下文理解将使系统能够更自然地捕捉用户意图,实现真正自然的对话。同时,语音控制与其他交互方式(如手势、眼神)的结合,将丰富操作选择,提升用户体验。这种多模态交互的设计,既需要抽象的模型支持,也需要考虑具体的使用场景。此外,5G 技术的应用,将使语音控制系统更加高效和隐私安全。这些技术的落地,不仅依赖于抽象的算法优化,还需要在具体环境中验证其可行性。

智能家居语音控制系统的发展,是科学抽象与具体实践紧密结合的经典案例。从核心技术的抽象建模,到实际应用的具体优化,这一过程展现了科技如何从理论走向实践,并最终改变人们的生活。从抽象到具体的过程是更为重要的阶段,只有将抽象的理论赋予具体的实践内容,技术才能真正发挥其价值。未来,随着技术的不断进步,语音控制系统将进一步实现从抽象到具体的飞跃,为人们带来更加智能、便捷的家居体验,这一过程不仅需要科学家的抽象思维,更需要工程师的具体实践。

参考文献

[1]熊先青,李荣荣,白洪涛.中国智能家具产业现状与发展趋势[J].林业工程学报,2021,6(01):21-28.

[2]鲁超.智能家居"飞入"千家万户[N].商丘日报,2025-4-22(005).

[3]宋迎迎.迎接"无人家务"时代[N].科技日报,2025-3-29(001).

拓展阅读

[1]张雅丽.5G时代,智能家居路在何方?[N].中国建材报,2018-5-3(006).

[2]蒋翰林.智能家居新浪潮:从智能单品到全屋智能[N].中国经营报,2022-11-14(B14).

第四章
社会的技术互构
——马克思主义科学技术社会论

英国皇家学会
——科学共同体的原始代码

摘要：英国皇家学会作为历史最悠久的学术团体，其成立和发展对英国乃至世界的科学技术发展产生重要作用。学会具备规范化的科学研究组织，成员大都是英国著名科学家，致力于推动国内的科学普及工作和国际合作与交流。学会通过严格选拔院士明确科学家社会角色，开展科普活动明确其社会责任，提供资助和奖励推动科学技术职业化。学会成立早期也存在一些问题，反映了科学建制化初期的探索性特征，但其逐步完善的制度设计为现代科研体系奠定了基础。

关键词：英国皇家学会；科学技术；社会建制

案例描述

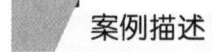

英国皇家学会（The Royal Society），全称"伦敦皇家自然知识促进学会"，是英国历史最悠久的学术研究组织，也是全球持续运行时间最长的科学团体。该机构成立于1660年，现任主席Sir Adrian Smith。皇家学会是英国最具权威性的科学组织，在推动前沿科学研究方面发挥着重要作用。该机构致力于培养英国本土的优秀青年科研人才，包括科学家、工程师和技术专家，并在制定科技政策的过程中扮演重要角色。同时，学会也积极参与各类科学议题的公共讨论。作为一个具有慈善性质的独立组织，学会拥有约1400位本土及国际院士，这些成员均来自英国及其联邦国家的杰出科技工作者。学会在章程制定和会员选拔方面完全自主，不需要政府审批，但这并不意味着与政府毫无联系，学会与政府部门保持着紧密合作，政府通过资金支持学会开展的各项科研项目。学会本身并不设立具体的研究机构，但拥有认证卓越科研成果、设立科学奖项、促进国际学术交流、推动科学教育普及工作，以及开展科学史研究等任务。

皇家学会最开始只是一个约12人左右的科学家小团体，其成员常在私人宅邸及格雷沙姆学院进行学术交流，核心成员包括约翰·威尔金斯、乔纳森·戈达德等科学先驱。据史料记载，1645年前后该组织开始系统研究培根《新亚特兰提斯》中的实证科学理念，从这里我们可以知道学会早期的运作完全依托学者自发组织的实验观察与学术研讨，没有任何成文的规定或相应的组织体系。1638年因成员地理分布问题，该团体分化为伦敦和牛津两个研究集群。当时的牛津学会因为成员比较集中所以学术讨论较为活跃，相应地也制定了一些规则，牛津学会依托当地学术资源成立"牛津哲学学会"，并在博德利图书馆保存了完整的章程手稿。伦敦学会仍以格雷沙姆学院为基地持续发展，与会成员有所增加。1658年克伦威尔专政时期学术活动被迫中断，直至1660年查理二世复位后，格雷沙姆学院重新成为科学交流中心。对科学感兴趣的人也越来越多，于是在大家的一致同意下认为应该要成立一个正式的科学机构。同年11月，克里斯托弗·雷恩的学术报告直接促成学界筹建正式研究机构，经两年筹备后得到王室授权成立了"促进自然知识皇家学会"。初创时期院士规模约百余人，至1670年实现人数翻倍。19世纪前院士群体中仅半数成员具备专业的科研背景，其余多为名誉成员。1731年实行书面推荐制度后，至1847年才确立以学术成就为核心的遴选标准。1850年政府首次拨款一千镑资助购置科研设备，由此开启官方资助机制，学会与政府的关系也从此开始密切起来。

皇家学会是英国国家科学院，作为英国科学界的官方代表机构，该学会已构建起覆盖全球的学术协作网络。通过建立跨国联合实验室、签署双边合作协议等方式，与百余个国际科研机构形成互惠协作机制。在推进全球科技协同创新方面，其与联合国教科文组织、欧洲核子研究中心等机构保持着战略协作关系。2023年11月，该会与中国科学院共同主办的第二届人工智能伦理峰会在北京召开，此次高级别对话聚焦算法透明度与数据治理等前沿议题。中国科学院院长侯建国、英国皇家学会会长Adrian Smith发表视频致辞。Adrian Smith在致辞中说，国际社会高度关注人工智能安全和人工智能治理，发展人工智能所面临的挑战需要世界各国一起携手面对，加强合作。英国皇家学会非常重视与中国科学院的合作伙伴关系，希望通过双方合作，共同应对人工智能在科学研究中的伦理问题，确保这一变革性技术以负责任和合乎伦理的方式服务人类。

案例分析

"科学技术的社会建制是指科学技术事业成为社会构成中的一个相对独立的部门和职业部类，是一种社会现象，主要包括组织机构、社会体制、活动机制、行为规范等要素。"[1] 作为科学技术必不可少的条件，它们承载着科学技术活动的展开。英国皇家学会的历史进程突出体现了科学研究组织的规范化、科学家社会角色的出现以及科学技术的职业化等特征。

---

[1] 殷杰,郭贵春.自然辩证法概论(修订版)[M].北京:高等教育出版社,2020:226.

英国皇家学会有着明确的组织架构，其最高权力机构是理事会，组织架构上每年会从21名成员中改选10名。学会分为物质和生物两大学科领域，下设12个学术委员会，这种架构既保障了学会开展学术研究的效率，又保证了学会的管理和决策能够精准做到上传下达。学会虽独立自治，但与政府关系密切，政府为其提供财政资助，使其有稳定的资金支持科学事业。同时，学会通过指定研究项目、资助研究、制订研究计划、开展研讨会等方式实现科学研究和咨询等职能，运作模式成熟且规范。学会开创了科学优先权和同行评审的概念，通过会议和出版物促进科学交流，其出版的多种学术期刊，如《自然科学会报》《会志》等，为科学家提供了展示研究成果和交流学术思想的重要平台，推动了科学知识的传播和发展。

作为英国及英联邦顶尖科研人才的荣誉殿堂，该机构院士群体涵盖基础研究学者、技术专家及创新实践者。依据学会选拔条例，候选人须获得六位资深院士联名举荐，且每年国际院士增选名额上限为四人。这套严谨的遴选机制有效维护了院士群体的专业权威性，强化了科学家职业身份的社会认同。成员体系细分为皇室荣誉院士、本土院士及国际院士三大类别，当选者将获得终身荣誉地位。入选该学术殿堂被视为科研职业生涯的高度认可，彰显社会对知识创造者的制度性尊崇。该机构还通过搭建科学共同体对话平台，构建学校、公众及政策制定者之间的科学素养培育体系，推动实验室成果转化与产学研协同创新，进一步明确了科学家在社会中的角色和作用，即不仅要从事科学研究，还要承担科学普及的社会责任。

学会提供研究资助和奖学金，每年提供研究教授、高级研究员等两百多个研究职位，为科学家提供了稳定的科研经费和职业发展机会，使得科学研究成为一种可以谋生的职业。学会先后设立了12种奖章、8种奖金，对在科学和技术领域做出突出贡献的科学家进行表彰和奖励，这不仅激励了科学家们不断追求卓越，也推动了科学技术领域的职业化发展，激发科研人才的职业认同。该机构通过构建跨国科研协作平台，建立学术交流长效化机制，为全球科研工作者创造成果展示窗口。其创设的院士互访计划、联合实验室共建等制度性安排，不仅加速了创新要素的跨境流动，更通过标准互认、数据共享等专业协作模式，塑造了科技人才的国际化职业发展路径，持续提升科研活动的组织化程度与专业化水平，进一步强化了科学技术的职业化特征。

皇家学会也存在一定的历史局限性，如成立初期的许多研究缺乏系统性科学方法，甚至带有神秘主义和经验主义色彩，代表着一种松散的非研究实体的科学组织形式[①]。学会早期成员中，科学家占比不足一半，大量贵族、政客和医生混入，研究方向分散。资金来源主要依赖贵族资助，研究方向易受赞助者兴趣影响，这些都反映了科学建制化初期的探索性特征。但其逐步完善的制度设计（如会员选拔改革、政府资助机制）为现代科研体系奠定了基础，印证了科学共同体在推动知识生产与社会发展中的关键作用，也为当代科研体制改革提供了重要参考。

参考文献

[1] 徐飞,邵月娥.现代科学体制化进程的案例研究:1660—1940 年英国皇家学会发展规律及其启示[J].自然辩证法通讯,2012,34(03):70-77+117+127.

[2] 冉奥博,王蒲生.英国皇家学会早期历史及其传统形成[J].自然辩证法研究,2018,34(06):75-79.

[3] 王琦,刘静.科学与大英帝国的联姻:以英国皇家学会为例[J].自然辩证法研究,2019,35(11):75-80.

拓展阅读

[1] 徐桑奕.俱乐部还是学术界:19 世纪英国皇家学会改革探析[J].自然辩证法研究,2023,39(10):115-121.

[2] 李斌,柯遵科.18 世纪英国皇家学会的再认识[J].自然辩证法通讯,2013,35(02):40-45+126.

---

① 冉奥博,王蒲生.英国皇家学会早期历史及其传统形成[J].自然辩证法研究,2018,34(06):75-79.

"地平线"计划
——欧洲创新的系统论实践

摘要："地平线"计划作为欧盟最大的跨国研发计划，以卓越导向为核心理念，依托其跨国协作属性，构建起"顶尖科研""全球挑战与产业革新""欧洲创新引擎"三维战略架构。该项目精准锚定欧盟战略发展需求，通过建立跨国科研联盟与知识共享机制，深化国际合作在提升欧盟科技自主性方面的战略功能，着力构建制度性支撑网络，通过跨境创新协作机制融合成员国创新要素，打造具备全球竞争优势的"欧洲创新共同体"。该计划通过标准化协同研发体系重塑欧洲工业竞争力版图，对驱动欧洲经济社会综合发展具有重要战略价值。

关键词：欧盟；"地平线"计划；科技创新

案例描述

欧洲立法机构于 2020 年末表决通过了"地平线"计划（Horizon Europe），并在欧盟数字政务平台完整披露实施细则。这项计划的目的在于全面提升欧盟的全球竞争力，生产世界顶尖的科学技术理论，从而将欧盟打造成为全世界最领先的知识型经济体。这项超大规模跨国创新计划通过"卓越科研""全球挑战应对""创新生态培育"三维战略架构，系统规划 2021—2027 年度欧洲科技创新发展路线。其政策内核植根于成员国间竞合博弈形成的动态平衡，核心战略目标涵盖巩固国际技术主导权、重塑工业竞争优势、实现经济社会可持续发展三重维度，本质上是通过制度性安排将成员国分散的创新能力转化为欧洲创新合力，推动欧洲经济社会的全面发展。

20 世纪 70 年代，欧盟在科技政策方面达成了高度共识，《单一欧洲文件》明确定位欧盟科技政策的核心使命为夯实欧洲工业科技基础，推动产业跃升全球竞争位势。从 2008 年"欧洲复兴计划"到后续"欧洲 2020 战略"，本质上都是对这一战略的延续与深化，其根本逻辑都聚焦于强化欧洲工业的产业竞争优势，提高欧盟在应对全球挑战、科技研发等方面的国际领导力和影响力。

"地平线"计划是 Horizon 2020（当前的欧盟研发与创新计划 [2014—2020 年]）计划的继承与发展，确立了 2021—2027 年欧盟研发和创新的基本框架和方向。作为欧盟史上最具规模的跨国科技创新项目，该计划构成巩固欧盟全球治理领导力与维系欧洲产业优势的战略支撑体系，其制度设计全面整合了成员国在科研协同与知识经济领域的全要素合作框架。该计划的主要目标是通过技术研发和创新帮助欧盟成员国应对气候变化（35%预算目标），帮助实现欧洲产业的绿色升级和促进欧盟各国产业竞争力的提升和经济增长。同时，该计划还将利用科技研发拉动欧洲高新技术产业和工业的发展，使欧洲成为现代科技研发与创新的中心。"地平线"计划分为五大任务区，分别是：促进欧洲经济社会的转型并更好地应对气候变化，更好地治疗癌症，建立气候友好的智慧城市，打造健康的海洋和内陆水域，实现土壤和食物的健康。

"地平线"计划的基础框架包括卓越科学计划，应对全球挑战和提高欧洲工业全球竞争力的研发创新和创新欧洲三个模块。欧盟委员会计划通过这一规模宏大的研究和创新计划，增强欧洲的科学技术基础，设计更绿色和环保的生活解决方案，并推动经济的数字化转型和更好地应对气候变化，推动欧洲社会的可持续发展。

　　"卓越"作为"地平线计划"的核心原则，其目标涵盖确保科研领域前沿突破、驱动产业价值链升级、破解成员国发展困局三大战略任务。依托欧洲研究理事会（ERC）构建的顶尖科研共同体，该机制通过集成创新资源网络与人才虹吸效应，形成了直接将创意转化为研究成果的闭环创新系统。通过支持最前沿的科学研究来推动科技的进步，"地平线"计划将为欧盟成员国应对全球化、经济和社会方面的挑战提供技术支持和全新的解决方案，从而推动欧盟经济社会实现绿色、健康和可持续发展。

　　开放是"地平线"计划的又一特征，目标是建立开放和有高度活力的创新生态系统。开放科学是欧盟科研和创新的政策重点，也是欧盟科技创新过程中所推行的标准工作方法，因为它可以提高研究的质量、效率和响应能力。"地平线"计划的开放性体现在三个方面：开放式创新、开放式科学和对世界开放。

　　"地平线"计划的主要目标对于提高欧盟在产业、学术和科技研发方面的竞争优势，强化欧洲在国际竞争中的有利地位具有重要意义。该框架确立了欧洲统一和开放的研发和创新总目标和架构，强调欧盟各成员国之间和国际间的合作与交流，鼓励私人投资与公众参与来增加成员国的科研投资总量，以实现欧洲在科研和创新方面的整体战略目标。该计划在诸多方面值得我们学习和借鉴。

　　总之，"地平线"计划的主要目标对于提高欧盟在产业、学术和科技研发方面的竞争优势，强化欧洲在国际竞争中的有利地位具有重要意义。该框架确立了欧洲统一和开放的研发和创新总目标和架构，强调欧盟各成员国之间和国际间的合作与交流，鼓励私人投资与公众参与来增加成员国的科研投资总量，以实现欧洲在科研和创新方面的整体战略目标。该计划在诸多方面值得我们学习和借鉴。

案例分析

当前,贸易保护主义抬头,全球不正当竞争逐渐加剧,不断变化的国际政治经济格局对全球社会和经济产生了深远影响。伴随着全球经济的不确定性,不断涌现的新力量和竞争者加剧了贸易紧张局势,并对现有的国际贸易规则构成严重冲击,这些趋势给欧洲工业带来了新的挑战,也促使欧洲产业进行技术升级以维持国际竞争力。面对日益激烈的国际竞争,欧盟并未采取自我封闭的贸易保护主义政策,而是坚持开放和自由的贸易政策,保持与世界各地区的自由贸易关系,并且在开放的国际竞争中积极进取、不断创新。为了维持欧洲工业产品、服务的高附加值和全球竞争优势,欧盟推行"地平线"计划,采取了一系列推动创新和科技研发的政策来维持欧盟在新能源、环保和其他高科技领域的领导者地位。

"随着'科学-技术-生产'一体化的推进,社会经济为科学技术研究提供了很大一部分课题来源,提供了科学和技术活动中的人力、物力、财力以及科学技术发展所使用的物质手段。"[①] "地平线"计划是迄今世界上最大的跨国研究和创新项目,未来7年计划拨款955亿欧元,为基础研发和跨境科研提供了强大的资金保障,确保科研项目能够顺利开展,成果将惠及欧盟27个成员国和其他十多个国家的上万名科研人员。该计划注重基础研究和成果转化,其中欧洲研究理事会(ERC)2021—2027年度预算达160亿欧元,较"地平线2020"实现同比增幅超20%,同时设立欧洲创新理事会(EIC)作为专项机构,配置百亿欧元专项资金额度,重点用于加速实验室成果到市场产品的商业化进程。巨额的资金投入和精准的资金分配为该计划提供了强大的经济支撑。

欧盟将推动科技开放合作作为促进创新发展的基石,结合世界发展形势和自身战略目标来调整"地平线"计划的实施和开展。"地平线"计划的三大支柱,聚焦欧洲科技和经济发展的核心要

---

① 殷杰,郭贵春.自然辩证法概论(修订版)[M].北京:高等教育出版社,2020:236.

求，强调各国间的合作在增强欧盟自主创新能力的重要作用。它并不是将三个计划叠加起来，而是有选择性地系统整合了以往欧盟各种科研计划，即首次将欧盟所有的科研和创新资金汇集于一个灵活的框架中①。通过建构战略性跨国科技合作框架实现成员国政策协同，建立研发体系动态调适机制。欧盟委员会和创新总司实施创新要素跨境配置工程，系统推进国际合作战略规划与项目实施，统筹调配国际合作资源。在开放科学治理领域，着力构建科研数据共享与基础设施互联体系；在知识产权战略维度，发布科研机构知识产权资产全周期管理指南，形成"创造-保护-运营"的管理体系。在科研项目实施的风险防范方面，明确不同类型项目的对外开放范围，并动态跟踪项目进展；在科研伦理风险治理方面，鼓励建立科研伦理自律审查机制。正确的战略方向和完善的配套措施为"地平线"计划提供了政策支撑。

在人才战略维度，该计划构建覆盖53个国家和地区的EU-RAXESS人才枢纽网络，为国际科研人员参与欧洲科研项目提供签证协助、经费管理等跨境科研服务，同步建立海外欧洲学者职业发展支持系统。人才培养层面，玛丽·居里行动计划（MSCA）配置12.5亿欧元专项资金支持，重点打造博士生联合培养机制与博士后跨境研究平台，形成阶梯式科研人才培养体系，为约10000名来自世界各地、处于不同职业阶段的优秀研究人员提供就业机会，支持他们在欧盟及其他地区开展研究项目，帮助他们提升技能和发展职业。

科研基础设施与资源支撑上，作为欧盟科研协同创新的战略载体，"地平线"计划通过构建科研数据开放获取与基础设施共享网络，形成深化国际科技协作的战略抓手。该机制着力提升科研活动效能与知识扩散速率，同步增强对重大需求的响应能力，实现科研要素的跨境高效配置，推动创新要素的全球聚合与协同创新。"地平线"计划还建设了专项基础设施，投入4000万欧元用以推动量子技术研究，其中2500万欧元专项用于在欧洲范围内开发量

---

① 梁偲,王雪莹,常静.欧盟"地平线2020"规划制定的借鉴和启示[J].科技管理研究,2016,36(03):36-40.

子重力仪网络,为相关领域的研究提供了先进的基础设施支持,有助于推动量子技术的发展和应用。

作为全球跨国科技计划,"地平线"计划旨在通过社会支撑体系的制度化建构,将分散的国家创新能力整合成具有全球竞争力的"欧洲创新共同体"。这也启示我们科技发展需要经济、政策、人才和科研设施四者协同,才能实现科技进步与社会福祉的共生共赢。该计划不仅为欧盟应对气候变化、数字转型等全球性挑战提供了工具,更成为现代科技治理中"社会支撑型创新"的典范。

参考文献

[1]南方,杨云,周小林,等.欧盟地平线2020计划管理模式及对中国重点研发计划的启示[J].中国科技论坛,2018,(07):165-171.

[2]梁偲,王雪莹,常静.欧盟"地平线2020"规划制定的借鉴和启示[J].科技管理研究,2016,36(03):36-40.

[3]蔡立英.欧盟启动"地平线欧洲"计划[J].世界科学,2018,(07):49-50.

拓展阅读

[1]曲瑛德,赵勇.欧盟"地平线2020计划"的监测与评价:理论、方法及启示[J].中国高教研究,2020,(01):12-19.

[2]张玉娥,王永珍.欧盟科研数据管理与开放获取政策及其启示:以"欧盟地平线2020"计划为例[J].图书情报工作,2017,61(13):70-76.

[3]刘军仪,程际明."地平线欧洲":增强欧盟全球竞争力的雄心计划[J].中国人才,2020,(09):31-33.

中国高铁技术
——从技术引进到领跑的跨越式发展

摘要：中国高铁技术发展历经技术引进、自主创新至全球领跑，深刻体现了马克思主义科学技术社会论的实践逻辑。中国高铁实现了从"跟跑"到"并跑"的跨越，其发展不仅是生产力革命的生动展现，更是社会主义制度优势的集中体现。通过"集中力量办大事"的体制，中国统筹资源建成全球最大高铁网，以公益性定价确保技术红利惠及全民，体现了"生产资料社会化占有"对技术异化的遏制。雅万高铁、中老铁路等项目获国际认可，彰显了"以技术促均衡"的发展模式对全球权力结构的重塑。

关键词：中国高铁技术；自主创新；社会制度优势

> **案例描述**

中国高铁技术的发展是一部从技术引进到自主创新再到全球领跑的奋斗史，其历程深刻体现了国家战略意志、技术创新能力与社会制度优势的结合。这一过程大致可分为三个阶段：技术引进与消化吸收、自主创新与体系突破、全球领跑与技术输出，且未来将朝着智能化、绿色化与全球化方向持续演进。

一、技术引进与消化吸收（20世纪末—2004年）

20世纪90年代，中国铁路面临严峻挑战。既有线路运力严重不足，难以满足日益增长的客货运输需求；技术水平也远远落后于发达国家，列车平均运行时速与发达国家相比差距巨大。为了改变这一局面，1997—2004年，中国铁路共进行了五次大提速，几大干线的部分地段线路基础达到时速200公里的要求。[①] 然而，这仅仅是表面的速度提升，核心技术仍然依赖进口，铁路发展的深层次问题并未得到根本解决。2004年，国务院通过了《中长期铁路网规划》，明确提出建设"四纵四横"高铁网络的宏伟目标，这标志着中国高铁正式进入系统性发展阶段。为了突破技术瓶颈，中国果断采取"市场换技术"策略，积极与德国西门子、法国阿尔斯通、日本川崎重工等国际知名企业展开合作，成功引进CRH系列动车组技术。在这一阶段，"引进—消化—吸收"成为主要特征。通过签订技术转让协议，中方获得了制造许可，但牵引系统、制动系统等关键部件仍然掌握在外国企业手中，国产化率极低。核心芯片、轴承等关键零部件更是需要高价进口，这使得中国高铁的发展在一定程度上受到国外技术的制约。然而，这一阶段的技术引进为中国高铁的后续发展奠定了重要基础，让中国铁路人有机会近距离接触和学习世界先进的高铁技术。

二、自主创新与体系突破（2004—2017年）

2008年，京津城际铁路正式开通运营，这是中国首条设计时

[①] 周伟.4月18日铁路第五次提速[N].中国青年报,2004-04-09.

速达到 350 千米并投入运营的高速铁路，标志着中国高铁进入了一个全新的发展阶段。① 此后，中国高铁迎来了自主创新的爆发期。2012 年，原铁道部主导的"中国标准动车组"项目正式启动，这一项目的核心目标就是彻底摆脱对国外技术的依赖，实现中国高铁技术的自主可控。② 为了实现这一目标，中国整合了南车、北车两大铁路装备制造企业的资源，并于 2015 年将其合并为中国中车，构建起了一个覆盖设计、制造、运营等全产业链的完整体系。在这一过程中，中国高铁取得了一系列重大技术突破。成功攻克IGBT（绝缘栅双极型晶体管）芯片技术，打破了西方国家在这一领域的长期垄断。IGBT 芯片是高铁动车组牵引系统的核心部件，其性能直接影响到列车的运行效率和安全性。自主研发高强度铝合金车体，使动车组实现了显著减重，不仅提高了列车的运行速度和能源利用效率，还降低了运营成本。同时，CTCS-3 级列控系统实现全自主化，为京沪高铁以 350 公里时速安全运行提供了坚实保障。到 2017 年，"复兴号"标准动车组正式上线运营，这标志着中国高铁技术形成了完全自主知识产权体系。③ 中国高铁从此不再受制于人，真正实现了从"跟跑"到"并跑"的转变。

三、全球领跑与技术输出（2017 年至今）

中国高铁的全球竞争力在"一带一路"倡议下加速显现。雅万高铁作为首个全产业链海外项目，采用中国标准设计建造，2023 年开通后日均客流超 2.1 万人次，显著提升印尼爪哇岛经济联通效率。截至 2024 年底，全国铁路营业里程达到 16.2 万公里，其中高铁 4.8 万公里，我国高铁运营里程再创新纪录④。中国高铁的技术输出模式也发生了深刻转变，从单一设备出口转向"技术+标准+管理"综合输出：中老铁路采用中国铁路调度系统，实现了

---

① 訾谦,董蓓,岳阳.京津城际铁路：开启中国"高铁时代"[N].光明日报,2021-04-14(005).
② 金万宝,杨仑."数说"中国标准动车组十年[N].科技日报,2022-12-26(004).
③ 陈恒.探秘"复兴号"：中国标准动车组牛在哪儿[N].光明日报,2017-06-26(007).
④ 4.8 万公里！我国高铁运营里程再创新纪录[EB/OL].(2025-01-02)[2025-04-16].新华网.https://www.news.cn/politics/20250102/695acf62f77341498b1207da81aeb8ce/c.html.

高效的运输组织和运营管理；匈塞铁路应用中国列控技术，保障了列车运行的安全和稳定。此外，中国主导制定的《高速铁路设计基础设施》（IRS60680：2022）被国际铁路联盟（UIC）采纳为全球标准，这是高速铁路基础设施设计领域的首部国际铁路标准，标志着中国高铁技术得到了国际社会的广泛认可。①

中国高铁的发展，不仅改变了国内人民的出行方式，也为全球高铁发展贡献了中国智慧和中国方案。在未来，中国高铁将继续秉持创新、协调、绿色、开放、共享的发展理念，不断推进智能化、绿色化与全球化发展，为人类交通事业的进步做出更大的贡献。

案例分析

马克思主义科学技术社会论强调，技术发展受社会制度制约并反作用于生产关系，其本质是"社会关系的物质载体"。中国高铁的跨越式发展，既是生产力革命的体现，也是社会主义制度优势的实践成果。

其一体现了生产力与生产关系的辩证统一。高铁技术通过重构时空关系，极大提升了社会生产效率，体现了技术作为生产力的革命性力量。例如，京沪高铁年大大推动京津冀、长三角城市群劳动生产率。这种"时空压缩"效应打破了地理限制，使生产要素流动效率提升，符合马克思"用时间消灭空间"的预见。

其二是社会制度对技术异化的遏制。中国通过社会主义公有制优势，由国家统筹规划、集中资源，建成全球最大高铁网。这种"集中力量办大事"的体制，避免了资本分割市场的低效，体现了"生产资料社会化占有"对技术发展的促进作用。中国高铁在票价上实行公益性定价，政府通过财政补贴确保技术红利惠及全体人民。

---

① 国家铁路局.我国主持制定的国际铁路联盟标准《高速铁路设计基础设施》正式发布实施,[EB/OL].（2022-06-30）[2024-12-16].国家铁路局网站.https://www.nra.gov.cn/xwzx/xwxx/xwlb/202206/t20220630_328241.shtml.

其三是劳动者主体性的维护。马克思主义批判技术异化导致劳动者沦为机器附庸。中国高铁的发展不仅是中国技术实力的象征，更是社会主义制度下"以人为本"技术伦理的生动实践，注重技术与人性的平衡，通过维护劳动者主体性、避免技术异化，中国高铁展现了技术进步与劳动者尊严的深度融合，体现了社会主义制度对劳动尊严的捍卫。

其四是技术革命与社会结构的协同进化。高铁网络打破了城乡二元结构，实现了区域经济格局的重构。高铁的开通不仅能使沿线各地通勤时间大大缩短，并且能带动各省市区县的经济增长，"要想富先修路"成为发展真言，尤其是对文旅发展影响巨大。这种"以技术促均衡"的发展模式，印证了马克思"消灭城乡对立"的构想。同时中国高铁能推动全球权力结构的变革，中国高铁技术输出颠覆了传统"中心—边缘"依附体系。雅万高铁采用中国标准与装备，带动印尼钢铁、建材产业升级，这种"技术反哺"模式，打破了西方通过专利壁垒维持的不平等分工，为发展中国家提供了"去依附化"路径。

其五，在实践选择上遵循生态友好、人类解放的原则和导向。中国高铁将绿色发展纳入技术标准。CR400AF动车组采用低阻力头型设计，能耗较CRH380大为降低；青藏铁路应用"以桥代路"技术，减少对高原生态的扰动。这种"技术—生态"协同观，超越了资本主义"先污染后治理"的发展逻辑。而对人类社会来说，智能高铁通过无障碍车厢、盲文标识、母婴室等设计，保障弱势群体出行权利；银发旅游专列提供适老化服务，使技术真正服务于人。

总而言之，中国高铁的成功证明技术突破离不开社会制度支撑。IGBT芯片的国产化并非单纯技术攻关，而是国家产业政策、科研体系、市场保护共同作用的结果。这彻底否定了西方"技术决定论"将创新归结为个人天才的唯心史观，彰显了马克思主义"社会存在决定技术路径"的科学性。

中国高铁的跨越式发展，是马克思主义科学技术社会论在当代中国的鲜活实践。其核心经验在于：以社会主义制度优势整合创新资源，以人民本位导向规制技术伦理，以全球视野重构技术权力格局。未来，随着 CR450 智能动车组的普及与"一带一路"技术合作的深化，中国高铁将继续证明：唯有将技术发展嵌入社会主义生产关系，才能真正实现"自由人联合体"的理想——让技术进步成为人类解放的阶梯，而非资本统治的工具。这一历程不仅为发展中国家提供了现代化新范式，更为马克思主义理论在 21 世纪的技术哲学领域注入了新的时代内涵。

参考文献

[1]新华网.4.8万公里！我国高铁运营里程再创新纪录[EB/OL].(2025-01-02)[2025-04-16]. https://www.news.cn/politics/20250102/695acf62f77341498b1207da81aeb8ce/c.html.

[2]周伟.4月18日铁路第五次提速[N].中国青年报,2004-04-09.

[3]訾谦董蓓.京津城际铁路：开启中国"高铁时代"[N].光明日报,2021-04-14(005).

[4]金万宝,杨仑."数说"中国标准动车组十年[N].科技日报,2022-12-26(004).

[5]陈恒.探秘"复兴号"：中国标准动车组牛在哪儿[N].光明日报,2017-06-26(007).

[6]孙永才."天河"一号自主创新的成功实践[J].求是,2022,(16):36-41.

拓展阅读

[1]高铁见闻.大国速度：中国高铁崛起之路[M].长沙：湖南科学技术出版社,2017.

[2]赵妮娜.领跑：中国高铁[M].北京：外文出版社,2021.

5G 医疗
——跨越山海的生命连线

摘要：5G 技术是中国科技创新的典范，5G 医疗正在深刻推动智慧医疗服务的变革。5G 医疗以其广覆盖、高可靠、低时延、大连接的特性，重构了医疗资源的配置逻辑，破解了长期制约医疗发展的结构性难题。5G 的"大连接"特性为医疗物联网提供了基础设施，让老年人赶上了智慧医疗的快车，带动了通信、医疗、人工智能等多领域协同创新。5G 医疗的发展，是科技理性与人文关怀的统一，它以技术突破解决医疗资源的"量"与"质"的矛盾。5G 医疗正在用数字技术书写着"国之大者"与"民之关切"的时代答卷。

关键词：5G 技术；远程医疗；智慧医疗

案例描述

作为第五代移动通信技术的战略高地，5G技术已成为现代信息产业体系的核心支撑。2019年全球开启5G商用新纪元，我国颁发了首批5G商用许可，标志着通信技术进入全新时代。从通信技术空白到建成全球最大规模应用市场，移动通信产业既是改革开放进程中的科技创新典范，更是技术普惠民生的典型样本。这项技术为中国数字经济发展提供战略机遇，在公共治理、产业升级、民生改善等领域形成创新动能，成为数字经济发展核心驱动力。

5G技术重构了智慧医疗服务体系，其毫秒级传输时延与千兆级传输速率有效突破远程诊疗协同的技术壁垒。通过构建医疗级专用网络，实现4K/8K超高清影像实时交互，医生可以通过高清影像做出更准确的判断。这种技术特性使得三甲医院专家可同步指导偏远地区实施手术，构建起"云端会诊-实时操控-精准诊断"的全新诊疗模式。在此基础上，5G技术极大提高医院内部的运行效率，通过5G网络连接的各种智能医疗设备能够实时传送患者数据到云端，实现数据的集中处理和分析，解决了医院资源配置和管理上的诸多弊端，实现更加高效的设备管理和资源配置，提高诊治效率。

2024年7月13日，上海胸科医院与新疆喀什二院完成全球首次应用国产自主研发的5G远程机器人平台实施肺肿瘤根治性切除术。该手术突破5000公里空间阻隔，标志着我国胸外科智能手术系统实现重大突破。术前两院通过5G智能胸外手术协同平台建设启动仪式完成跨区域多学科会诊，在沪疆两地援建体系支撑下完成全流程推演。手术过程中罗清泉医生通过三维可视化操作台控制机械臂系统，借助端到端时延稳定控制在30毫秒以内的5G专网，实现与喀什手术室机械臂的亚秒级同步。机械臂精准复现主刀医生操作，执行精度达到亚毫米级，完整呈现"空间折叠"式手术效果，历时60分钟完成全球最远距离胸外机器人手术。这次手术从技术验证到临床应用成功展现了智能医疗装备与新一代通信技术的深度融合创新。

5G远程手术体系重构了医疗资源配置，对我国医疗事业的发展具有十分重要的意义。针对我国医疗资源"东密西疏"的结构性矛盾，5G医疗技术构建了"云端专家－地面团队－智能终端"三级联动机制——基层医疗机构承担基础诊疗，三甲专家远程实施关键部分，形成"基础操作本地化+核心步骤远程化"的创新模式。这种模式架构既保障了分级诊疗医改政策的落地实施，更为应急救援、远洋作业、航空航天等特殊场景构建"陆海空天"全域医疗救援体系，实现了远程手术技术实用化，让发展欠缺的地区也能及时有效地享受到优质医疗资源。

虽然目前5G医疗展现出了欣欣向荣的发展态势，但作为一项新兴技术，仍面临着技术上和区域发展上的挑战。5G医疗涉及多场景、多设备、多数据格式的协同，但目前缺乏统一的行业标准与评价体系。由于区域发展水平不同，当前5G医疗技术主要是在东部地区进行试点，缺乏系统性的技术验证。5G远程医疗的普及需要医患双方对技术的充分信任。医生需适应"非接触式"操作模式（如通过机械臂实施手术），而患者可能对数据隐私和远程诊断的准确性存疑。这些问题都是5G医疗在未来的发展过程中需要不断完善和克服的挑战。

案例分析

"科学技术的运行必须与国家综合国力的提高、国家利益的维护以及经济社会的健康和谐发展相一致。"[①] 在全球科技竞争与健康中国战略交织的背景下，5G技术与医疗领域的深度融合，成为衡量国家科技硬实力与民生服务水平的重要标尺。5G医疗以其广覆盖、高可靠、低时延、大连接的特性，重构了医疗资源的配置逻辑，破解了长期制约医疗发展的结构性难题。从国家层面看，它是优化医疗体系、提升国际竞争力的战略抓手；从民生角度看，它是普惠医疗、守护全民健康的关键引擎。5G医疗正以势不可挡的发展趋势书写为国为民科学技术的新篇章。

传统医疗体系中，优质资源集中于大城市，基层与偏远地区面

---

① 殷杰,郭贵春.自然辩证法概论(修订版)[M].北京:高等教育出版社,2020:247.

临"看病远、看病难"的困境。5G 技术以 10Gbps 级传输速率和 1 毫秒以下时延，将三甲医院的诊疗能力"平移"至边疆海岛。在技术实现层面，5G 与边缘计算（MEC）的结合至关重要。通过在医院部署边缘服务器，手术视频等海量数据无需经公网传输，时延可压缩至 50 毫秒以内，达到人眼无感的实时交互效果。这一技术突破，使远程手术从理论上的可能变为临床上的常态。5G 医疗还通过"云端医院"模式，将城市专家资源下沉至基层。同时，5G 医疗支持的远程手术培训体系使县域医生年均接受三甲医院实操指导时长从 12 天增加至 45 天，真正实现"小病不出村，大病不出县"。截至 2024 年，我国已建成 327 个 5G 远程医疗试点项目，覆盖所有脱贫县。

　　5G 的"大连接"特性为医疗物联网提供了基础设施。在武汉同济医院，基于 5G 的智能手环可实时采集患者心率、血氧等 12 项生命指标，数据通过边缘计算节点预处理后，异常值 0.5 秒内触发预警，使医护人员响应速度提升 60%。在医学影像领域，5G 推动"胶片时代"向"数字时代"跨越。传统 CT 影像传输需 10—15 分钟，而 5G 网络可在 3 秒内完成 300MB 的肺部 CT 数据传输，形成了让数据多跑路、患者少跑腿的模式，本质是通过技术赋能，将医疗服务从"被动救治"转向"主动预防"。

　　5G 医疗真正做到了全民共享，让我国的老年人也跟上了这趟智能医疗的快车。我国 60 岁以上人口已达 2.8 亿，其中 70% 存在不同程度的"数字脱节"。通过适老化改造，5G 医疗将技术温度注入民生服务。家里老人可以通过 5G 智能终端一键呼叫，杭州等地还推出了"5G 助老就医一体机"，大大缩短了就医时间。5G 技术在应急救援上为构筑生命救援建起了一条数字高速公路。在河南郑州"7·20"特大暴雨灾害中，5G 应急通信车搭建起临时医疗网络，使被困小区的孕妇通过 5G 超声设备接受远程产前评估，避免了因交通中断导致的高危妊娠风险。在常态化急救场景中，5G 救护车成为"移动重症监护室"，车载 5G 设备可在送往医院途中完成心电图、CT 扫描，并实时传输至急诊室，使急性心梗患者从入院到溶栓的时间缩短了一半，这一改进直接将患者死亡率降低了 47%。

5G医疗的发展带动了通信、医疗、人工智能等多领域协同创新。截至2024年，我国已建成5.6万个医疗5G基站，其中80%部署在县域及以下地区。5G为医疗AI提供了实时数据支撑，加速其商业化落地。在肺部结节筛查领域，推想科技的5G+AI系统可在10秒内完成全肺CT分析，检出率达97.8%，已在全国1200家医院部署；腾讯觅影通过5G网络连接基层医院，年辅助诊断量超1亿例，使基层医院癌症早筛率提升35%。

在全球数据主权博弈加剧的背景下，5G医疗的本土化部署成为国家安全的重要屏障。我国自主研发的麒麟医疗操作系统，已在300余家医院实现5G网络下的病历数据加密传输；华为医疗云采用国产化数据库，数据泄露风险较国际方案降低92%；通过建立医疗数据分级分类管理制度，敏感数据本地存储率从35%提升至78%，有效防范跨境数据流动风险。

5G医疗的发展本质，是科技理性与人文关怀的统一。它以技术突破解决医疗资源的"量"与"质"的矛盾，以模式创新重构医疗服务的公平与效率，以产业升级增强国家科技竞争力。从雪域高原的远程手术到社区诊室的智能终端，从应急救援的黄金时间到全生命周期的健康管理，5G医疗用数字技术书写着"国之大者"与"民之关切"的时代答卷。这一创新实践不仅印证了"发展是第一要务，人才是第一资源，创新是第一动力"的论断，更昭示着一个不变的真理：真正的科技进步，永远是为国计民生赋能的温暖实践。

参考文献

[1]唐闻佳.医生在上海,患者在新疆！全球首例超远程国产机器人肺部肿瘤手术完成[EB/OL].（2024-07-13）[2024-12-21].文汇报.https://www.whb.cn/commonDetail/940093.

[2]王富民,宋德勇.5G时代医疗资源优化配置的理论机制与应用模式探索[J].中国卫生经济,2020,39(01):49-51.

拓展阅读

[1] 刘哲,石钰,林延带,等.智能医学的现状与未来[J].科学通报,2023,68(10):1165-1181.

[2] 周宇吟,胡林霞,潘锦晶,等.5G赋能医疗的感知风险与防控[J].医学与哲学,2021,42(10):24-27.

"东数西算"工程
——数字经济时代的"算力南水北调"

摘要:"东数西算"作为国家战略层面部署的数字经济基础设施工程,其核心在于实现算力资源的科学配置与跨区域协同运作。该工程科学规划了包含 8 个国家级枢纽节点和 10 个数据中心集群基地的战略布局,通过系统化构建全域协同的智能计算网络架构,将东部地区的高强度算力需求向资源充裕的西部区域进行合理调度。实现梯次分布与高效调度,既缓解了东部资源压力,又促进了西部经济发展。通过集聚发展、因地制宜和动态优化等策略,工程显著提升了算力效率与绿色低碳水平,为"双碳"目标提供了支持。这一实践体现了历史与逻辑的统一,以及技术思维的可行性、价值性和联系性特点,为全球数字经济竞争奠定了坚实基础。

关键词:东数西算;数字经济;绿色低碳

案例描述

在数字经济蓬勃发展的今天，数据已成为新型生产要素，而算力则是处理数据的核心能力。作为增强国家算力基础设施效能的战略性部署，"东数西算"工程着力打造融合云计算与大数据处理的智能算力集群架构。该工程通过构建跨区域的算力资源调度机制，将东部沿海地区的高密度计算需求导向资源禀赋优越的西部区域，既优化了资源配置，有效缓解了区域资源配置的结构性矛盾，也为数字化发展构筑了新型基础设施保障。

在数字经济主导的全球产业变革背景下，计算能力已成为衡量国家竞争力的关键指标。统计数据显示，截至2022年末，我国数据中心总装机量突破500万架标准机柜，算力超过130EFLOPS（每秒一万三千亿亿次浮点运算）[①]。值得注意的是，东部沿海区域受限于土地资源稀缺和能源供应约束，已难以支撑指数级增长的算力需求。与之形成对比的是西部省区在可再生能源储备和基础设施承载能力方面的显著优势，这为构建东西协同的算力供给体系提供了现实基础。

这项国家级算力调配工程的推进，体现了我国在数字基建领域的系统性布局策略。通过建设跨区域联动的数字枢纽网络，工程系统性地推进了算力资源由东向西的梯度转移，建立起基于资源禀赋差异的优化配置模型。这种创新性的空间调配机制不仅显著提升了算力资源使用效率，更通过清洁能源的规模化应用，为构建绿色数字经济生态系统提供了实践路径。

"东数西算"工程的核心在于全国算力资源的统筹规划与高效调度。根据国家发展改革委的部署，工程主要围绕以下三个方面展开。

第一，集聚发展，提升效率。工程在全国布局了八个算力枢纽节点[②]，引导大型数据中心向这些枢纽集聚，形成规模化、集约化

[①] 国家发展改革委高技术司负责同志就实施"东数西算"工程答记者问[EB/OL].（2022-02-17）[2024-12-30]. 中国政府网. https://www.gov.cn/zhengce/2022-02/17/content_5674343.htm.
[②] 同上。

的数据中心集群。这种布局不仅提高了算力资源的利用效率，还通过政策支持带动了上下游产业的发展。同时，枢纽之间通过高速网络互联，实现了东西部算力的高效互补与协同联动。

第二，梯次布局，因地制宜。针对不同业务需求，工程采取了差异化的布局策略。对网络要求不高的业务（如数据存储、离线分析等）优先向西部转移，而高实时性业务（如金融交易、远程医疗等）则保留在东部枢纽。此外，东部枢纽内部也推动数据中心从一线城市向周边转移，以缓解资源压力。

第三，动态优化，稳步推进。为避免盲目发展，工程在起步阶段划定了10个数据中心集群的物理边界[①]，并设定了严格的能耗和上架率标准。通过动态监测与科学评估，未来将进一步优化布局，确保算力资源的健康有序发展。

"东数西算"工程从酝酿到全面启动，经历了长期的论证与部署。2016年，党中央提出建设全国一体化大数据中心的构想；2018年至2019年，国家发改委通过课题研究明确了工程的实施路径；2021年，《全国一体化大数据中心协同创新体系算力枢纽实施方案》[②]的发布标志着工程进入实质性阶段。2022年，随着八大算力枢纽节点和十个数据中心集群的规划落地，工程正式全面启动。2023年4月，为贯彻落实党中央、国务院关于构建全国一体化大数据中心体系的决策部署，高技术司赴广东省韶关市实地调研国家算力枢纽建设情况，并在调研期间参加国家算力枢纽粤港澳大湾区枢纽节点建设工作推进会[③]。截至2024年，工程已取得显著成果。东西部算力资源分布不均衡的局面得到明显改善，数据中心集约化、绿色化水平显著提升。可再生能源在数据中心中的使用比例大幅增加，为"双碳"目标的实现提供了有力支持。

---

① 国家发展改革委高技术司负责同志就实施"东数西算"工程答记者问[EB/OL].（2022-02-17）[2024-12-30].中国政府网.https://www.gov.cn/zhengce/2022-02/17/content_5674343.htm.

② 关于印发《全国一体化大数据中心协同创新体系算力枢纽实施方案》的通知[EB/OL].（2021-05-26）[2024-12-30].中华人民共和国国家互联网信息办公室.https://www.cac.gov.cn/2021-05/26/c_1623610318323289.htm.

③ "东数西算"推进情况(第49期):高技术司赴粤港澳国家算力枢纽实地调研国家算力枢纽建设情况[EB/OL].（2023-09-19）[2024-12-30].中华人民共和国国家发展和改革委员会.https://www.ndrc.gov.cn/xwdt/ztzl/dsxs/gzdt5/202309/t20230919_1360697.html.

此外，工程还带动了西部地区的经济发展，为当地产业升级创造了新机遇。

"东数西算"工程不仅是技术层面的创新，更是国家战略的重要体现。它通过算力资源的优化配置，为数字经济的发展奠定了坚实基础。未来，这一工程将进一步释放数据要素的潜力，推动中国在全球数字经济竞争中占据更有利地位。可以预见，"东数西算"将成为数字经济时代的"算力南水北调"，为中国的高质量发展注入持久动力。

案例分析

"东数西算"工程是中国在数字经济时代背景下提出的一项战略性举措，旨在通过优化算力资源配置，推动东西部协同发展。"东数西算"工程的实施并非偶然，而是中国在长期实践与理论探索中逐步形成的战略决策。从历史维度看，该工程的酝酿始于2016年，经过多年论证和试点，最终在2022年全面启动。这一过程体现了以史为鉴的历史方法，即通过对过去资源分布不均、算力需求增长等问题的总结，提出针对性的解决方案。"历史方法是一种注重感性实践过程的思维形式"[①]，而"东数西算"工程正是基于对历史实践经验的反思与修正。

从逻辑维度看，工程的布局遵循了资源优化配置的内在规律。八个算力枢纽节点和十个数据中心集群，实现了工程实现了算力资源的梯次分布和高效调度，体现了逻辑应当反映历史的发展过程并与之相符合的原则。例如，东部地区因土地和能源紧张，难以满足高实时性业务需求，而西部地区资源丰富，适合承接离线分析等低实时性业务。这种差异化的布局策略，正是逻辑与历史统一的生动体现。此外，工程在实施过程中注重动态优化与稳步推进，避免了盲目发展。这种动态优化的思路与"逻辑的发展需要历史的例证，需要不断接触现实"[②]这一观点不谋而合。通过科

[①] 殷杰,郭贵春.自然辩证法概论(修订版)[M].北京:高等教育出版社,2020:156.
[②] 马克思恩格斯文集(第2卷)[M].北京:人民出版社,2009:605.

学评估和调整，工程确保了算力资源的健康有序发展，既尊重了历史实践，又符合逻辑规律。

"东数西算"工程的成功实施离不开技术思维的指导。与科学思维不同，技术思维更关注可行性、价值性和联系性。在工程中，这些特点得到了充分体现。

第一，技术思维注重可行性。工程在设计之初就充分考虑了现实约束条件，例如西部地区的可再生能源优势和数据中心建设的土地成本。关注工程在现实约束下可行性的思考，确保了工程的顺利落地。例如，西部地区利用丰富的风能、太阳能等清洁能源为数据中心供电，既解决了能源问题，又符合绿色低碳的发展目标。

第二，技术思维强调价值性。工程并非单纯追求技术上的首次发明，而是注重技术在实际应用中的相对价值。例如，通过将东部的高实时性业务保留在本地，而将低实时性业务迁移至西部，实现资源的最大化利用，体现了关注技术在使用中的相对价值大小的实用主义导向技术思维。

第三，技术思维是联系性思维。工程不仅连通了科学的理论（如算力调度算法、能源效率优化），还联系了技术的实际（如数据中心建设、网络互联）。这种"顶天立地"的思维模式，使得工程在理论与实践的平衡中取得了显著成效。

"东数西算"工程的成功还有赖于技术构思、技术试验和技术评估等一系列技术活动方法的运用。在技术构思阶段，工程采用了技术原理推演法和模型模拟法。例如，通过分析算力需求与资源分布的科学原理，工程推演出全国一体化的算力调度方案，同时通过模拟东西部数据流动的场景，优化了网络架构设计。这些方法体现了以科学知识和实践的理论成果为基础进行技术构思的科学性。在技术试验阶段，工程通过中间试验和生产试验逐步验证方案的可行性。例如，在韶关等枢纽节点进行试点，测试数据中心的实际运行效果和能源消耗情况。这种把对象置入复杂的、天然自然的情境中的试验方法，确保了技术方案能够经受现实环境的考验。

"东数西算"工程是中国在数字经济时代的一项创新实践，其成功得益于历史与逻辑的统一、技术思维的指导以及技术活动方法的科学运用。从历史角度看,工程是对过去资源分布问题的反思与修正;从逻辑角度看,工程体现了资源配置的内在规律;从技术角度看,工程展现了可行性、价值性和联系性的思维特点。未来,随着技术的进步和政策的完善,"东数西算"工程将进一步释放数据要素的潜力,为中国在全球数字经济竞争中占据更有利地位提供支撑。这一案例也启示我们,在推动重大技术工程时,必须坚持历史与逻辑的统一,注重技术思维的实践导向,并科学运用技术活动方法。唯此,才能实现技术与社会的和谐发展,为高质量发展注入持久动力。

参考文献

[1]钱德沛,栾钟治,刘轶.从网格到"东数西算":构建国家算力基础设施[J].北京航空航天大学学报,2022,48(09):1561-1574.

[2]国家发展改革委高技术司负责同志就实施"东数西算"工程答记者问[EB/OL].(2022-02-17)[2024-12-30].中国政府网.https://www.gov.cn/zhengce/2022-02/17/content_5674343.htm.

[3]关于印发《全国一体化大数据中心协同创新体系算力枢纽实施方案》的通知[EB/OL].中华人民共和国国家互联网信息办公室.(2021-05-26)[2024-12-30].https://www.cac.gov.cn/2021-05/26/c_1623610318323289.htm.

[4]"东数西算"推进情况(第49期):高技术司赴粤港澳国家算力枢纽实地调研国家算力枢纽建设情况[EB/OL].(2023-09-19)[2024-12-30].中华人民共和国国家发展和改革委员会.https://www.ndrc.gov.cn/xwdt/ztzl/dsxs/gzdt5/202309/t20230919_1360697.html.

[5]马克思恩格斯文集(第2卷)[M].北京:人民出版社,2009.

拓展阅读

[1]东南.从"东数西算"看算网发展[EB/OL].(2022-03-03)[2025-03-18].学习强国.https://www.xuexi.cn/lgpage/detail/index.html?id=7618039472647027557&item_id=7618039472647027557.

[2]带你读懂"东数西算"工程[EB/OL].(2025-02-26)[2025-03-18].学习强国.https://www.xuexi.cn/lgpage/detail/index.html?id=9918282560441965

82&item_id=9918282560441965082.

[3]刘炳胜,汤汉东,王丹,等.政策执行协同框架:基于中国"东数西算"战略的分析[J].科学管理研究,2025,43(02):100-109.

[4]余泳泽,胡鹏."东数西算"工程赋能网络强国战略:理论逻辑与实践路径[J].学海,2024,(01):97-108.

AI 换脸危机
——真实性的哲学保卫战

摘要：AI 换脸技术是利用人工智能算法对图像或视频中的人物面部进行替换的技术，近年来在电影电视制作、影视修复、虚拟主播等领域取得显著进展。但目前 AI 换脸技术存在隐私泄露、传播虚假信息、相关法律法规不完善等问题，给我们的生活带来了一定的威胁和挑战。负责任创新的理念与实践能从多方面体现以人文文化引导科学技术，促使 AI 换脸技术朝着符合人类价值观和社会需求的方向发展，在追求技术进步的同时，充分保障人的权益和社会的和谐稳定，确保科学技术的发展符合人类的利益和价值观。

关键词：AI 换脸；负责任创新；伦理规范

案例描述

2025年4月21日，最高人民法院举行新闻发布会并发布2024年人民法院知识产权典型案例。其中一个案例为"'AI换脸'著作权侵权案"。

基本案情是陈某在抖音平台实名认证账号"摄影师某某"，发布了13段其拍摄的女子身着古装展示的短视频，每段时长10秒左右。上海易某网络科技有限公司开发抖音小程序"某颜"，使用AI视频合成算法为用户提供换脸技术。"某颜"上展示的13段短视频与陈某发布的13段短视频，仅在人物面部五官特征上存在差别，视频场景、镜头、人物造型、动作则基本一致。"某颜"用户可通过观看广告或购买会员，将小程序上展示的视频中的人脸换成用户自己的人脸并进行保存。陈某提起诉讼，请求判令上海易某网络科技有限公司停止侵权、赔礼道歉，赔偿损失4.8万元和合理开支2000元。

上海市嘉定区人民法院一审认为，陈某拍摄的原始视频在内容编排、景别选取、拍摄角度等方面体现了独创性的选择安排，属于受著作权法保护的视听作品。"某颜"小程序展示的涉案视频，系通过AI算法将原始视频进行局部替换合成，二者构成实质性相似。上海易某网络科技有限公司以"AI换脸"为卖点，提供平台、素材和技术，使用户能够在任意选定的时间和地点以"换脸"方式使用原始视频，谋取商业利益，侵害了陈某作品信息网络传播权。该行为既非独创性改编，亦不构成合理使用，也不适用技术中立抗辩。上海易某网络科技有限公司在诉讼中积极配合删除视频、履行算法备案手续等整改行为，并接受关于运用算法技术提供网络服务的司法建议，作出规范经营承诺。陈某表示谅解并撤回停止侵权、赔礼道歉的诉请。据此，判决上海易某网络科技有限公司赔偿陈某经济损失及合理开支共计7500元。一审判决后，双方当事人均未上诉。

这个案例是生成合成类算法应用场景下的典型纠纷，涉及使用人工智能技术对他人作品进行局部合成行为的性质认定。判决明确了"AI换脸"不构成对原作品的独创性改编与合理使用；使用人工智能技术提供网络服务者负有合理注意义务，不得利用算法技术侵害他人著作权。同时平衡兼顾技术创新和权利保护，明晰了人工智能技术应用的合法边界。

AI换脸技术，即利用人工智能算法对图像或视频中的人物面部进行替换的技术，近年来取得了显著进展。其核心算法如生成对抗网络（GAN）和变分自动编码器（VAE）等，能够快速、高效地实现面部特征的融合与替换，使得换脸效果越来越逼真。

在娱乐领域，AI换脸技术被广泛应用于电影、电视剧的制作中，能够实现演员面部的替换，为剧情创作提供更多可能性。例如，一些经典影片通过AI换脸技术，可以让已故演员"重返"荧幕，满足观众的怀旧需求。在社交媒体上，各种换脸应用程序也深受用户喜爱，用户可以将自己的面部替换成明星或其他知名人物的面部，增加互动性和趣味性。

此外，AI换脸技术在影视修复、虚拟主播等领域也有着重要的应用价值。通过AI换脸技术，可以修复老电影中损坏的面部图像，使其更加清晰、逼真；虚拟主播可以利用AI换脸技术实现面部表情的实时变换，增强直播的吸引力。

与此同时，AI换脸技术也给我们带来了挑战与风险。AI换脸技术可能导致身份冒用和虚假信息传播。恶意用户可以利用该技术制作虚假的视频或图像，误导公众，损害他人声誉。例如，制作政治人物的虚假演讲视频，可能会对社会稳定造成不良影响。此外，AI换脸技术还可能侵犯个人隐私，未经授权使用他人面部图像进行换脸操作，违反了个人的隐私权。

目前，针对AI换脸技术的法律法规还不完善，存在监管空白。这使得一些违法行为难以得到有效遏制，例如利用AI换脸技术进行诈骗、诽谤等犯罪活动。此外，由于AI换脸技术的传播速度快、范围广，一旦出现侵权行为，很难及时追踪和处理。

大量虚假的AI换脸内容可能会降低公众对信息的信任度，影响社会的诚信体系。当人们无法分辨信息的真伪时，可能会对所有信息产生怀疑，导致信息传播的混乱，破坏社会和谐。

案例分析

负责任创新理念是由德国学者海斯托姆提出的一种发展理念，其强调在技术创新过程中充分考虑技术的社会、伦理、环境等影响，确保技术的发展符合人类的利益和价值观。[①] 它要求创新者在技术研发、应用和推广的各个环节都要承担起相应的责任，积极与社会各界进行沟通和合作，共同应对技术带来的挑战。

具体来说，负责任创新要求创新者在技术研发阶段要进行全面的风险评估，预测技术可能带来的负面影响，并采取相应的措施加以防范。在技术应用阶段，要建立健全的监管机制，确保技术的合法、合规使用。同时，要加强对公众的教育和引导，提高公众对技术的认知和理解，增强公众的风险意识和防范能力。

AI 换脸技术是一把双刃剑，负责任创新的理念与实践能从多方面体现以人文文化引导科学技术，促使 AI 换脸技术朝着符合人类价值观和社会需求的方向发展，在追求技术进步的同时，充分保障人的权益和社会的和谐稳定。

人文文化的核心是"以人为本"，强调人的主体地位和不可侵犯的权利，包括个人的尊严、权利和隐私，注重社会信任和道德责任的培养，倡导公平、正义的价值观，强调人类的整体福祉和可持续发展。而 AI 换脸技术在应用中可能侵犯他人的肖像权、隐私权等权益。该技术如果被滥用，可能会导致社会不公平现象的出现，如虚假信息传播影响公众对事件的判断，损害弱势群体的利益。

通过负责任创新，从技术研发阶段就要考虑个人的权利和名誉等因素，采取技术手段保护个人隐私，如在换脸过程中进行匿名化处理，不泄露原始人脸信息；在应用层面，制定严格的使用规范，禁止未经授权的面部图像采集和使用，确保个人权利不受侵犯，使技术发展服务于人，而不是损害人的权益。负责任创新要求在技术应用中遵循公平正义原则，避免利用 AI 换脸技术进行恶

---

① Tomas Hellström. Systemic innovation and risk: technology assessment and the challenge of responsible innovation[J]. Technology in Society, 2003 (3): 369-384.

意攻击、诽谤或误导公众。例如，在新闻媒体和政治领域，禁止使用 AI 换脸技术制造虚假新闻或篡改政治人物的形象，维护信息的真实性和社会的公平正义，促进社会的和谐发展。另外，技术开发者和使用者使用 AI 换脸技术时应秉持诚信原则，不传播虚假信息，不进行欺诈行为。同时，通过教育和宣传，提高公众对 AI 换脸技术的认识和理解，增强公众的辨别能力和信任度。

AI 换脸技术在娱乐、艺术等领域的应用可以为文化创作带来新的可能性，如电影制作中的特效合成、艺术作品的创新表达等。负责任创新鼓励在技术应用中充分发挥文化多样性的优势，尊重不同文化背景下的审美和价值观，避免文化侵权和文化同质化。如"敦煌 AI 换脸"项目允许用户将自己的面部与莫高窟壁画中的飞天、供养人形象融合，同时嵌入文化解说系统，使技术成为传播传统文化的载体而非解构工具。AI 换脸技术的发展和应用应该以提高人类生活质量、促进社会进步为目标。负责任创新要求在技术研发和应用过程中充分考虑技术对环境、社会和人类健康的影响，避免过度依赖技术带来的负面影响。同时，要关注技术的可持续发展，避免资源浪费和环境污染，使技术发展与人类福祉和可持续发展相协调。

AI 换脸技术与负责任创新的互动，本质上是工业革命以来"技术异化"与"人文救赎"的当代回响。"技术文化的异化实质上是人自身的异化，要批判的恰恰是人自身。"[①] 当技术开发者将"人的尊严不可侵犯"写入算法代码，当政策制定者将"公平正义"融入监管框架，当公众将"理性辨别"内化为自身素养，人文文化便不再是抽象的价值口号，而是具象化为技术创新的"方向盘"和"刹车片"。这种引导不是对技术进步的束缚，而是为其注入持久的生命力，因为只有符合人文精神的技术，才能真正成为推动人类文明进步的力量。

---

① 殷杰,郭贵春.自然辩证法概论(修订版)[M].北京:高等教育出版社,2020:251.

参考文献

[1] 最高人民法院发布2024年人民法院知识产权典型案例[EB/OL].(2025-04-21)[2025-04-30]. 中华人民共和国最高人民法院网. https://www.court.gov.cn/zixun/xiangqing/462881.html.

[2] Tomas Hellström. Systemic innovation and risk: technology assessment and the challenge of responsible innovation[J]. Technology in Society, 2003 (3):369-384.

拓展阅读

[1] 林爱珺,林倩敏. AI换脸的技术风险与多元规制[J]. 未来传播,2023,30(01):60-69.

[2] 刘艳红,姜文智. AI换脸行为刑法规制的纠偏:法益与罪数的双重路径[J]. 中国社会科学院大学学报,2024,44(05):5-30+156+161.

自动驾驶
——算法决策的道德迷宫与责任悖论

摘要： 自动驾驶技术作为人工智能领域的革命性应用，正在重塑全球交通运输格局。其核心技术包括环境感知、车辆定位和路径规划三大模块，依托激光雷达、摄像头等多传感器融合与深度学习算法，实现精准的环境识别与决策。然而，自动驾驶技术仍面临伦理决策、数据隐私等挑战，随着5G与车路协同技术的发展，自动驾驶将深刻改变城市交通形态，仍需在技术创新、法规完善与社会接受度等方面进行协同推进，以实现安全、高效的智能交通愿景。

关键词： 自动驾驶；算法决策；责任悖论

案例描述

自动驾驶技术正在重塑全球交通运输格局，这项集人工智能、传感器融合和高精定位于一体的创新技术，正在逐步实现从辅助驾驶到完全自主驾驶的跨越式发展。根据国际自动机工程学会的分类标准，自动驾驶技术被划分为六个等级，从 L0 级完全人工驾驶到 L5 级完全自动驾驶。[①] 当前商业化应用主要集中在 L1—L2 级辅助驾驶系统，仅有少数车企如奔驰、宝马在特定条件下实现了 L3 级有条件自动驾驶的商业化落地。中国自 20 世纪 80 年代开始相关研究，国防科技大学先后研制出多代无人驾驶实验车辆。进入 21 世纪后，随着深度学习算法的突破，自动驾驶技术迎来爆发式增长，谷歌 Waymo、特斯拉等企业累计测试里程迅速增长。

自动驾驶系统的核心技术架构包含三大模块：环境感知、车辆定位和路径规划。环境感知系统通过激光雷达、摄像头和毫米波雷达等多传感器融合技术，实现对周围环境的无死角监测。其中激光雷达能生成精确的三维点云数据，摄像头擅长识别交通标志和车道线，而毫米波雷达则在雨雪等恶劣天气条件下表现稳定。这些传感器采集的数据经过神经网络算法处理，可以准确识别行人、车辆、障碍物等各种交通参与者。定位系统采用卫星导航（GPS/北斗）、惯性导航和高精地图匹配相结合的方案，即使在城市峡谷或隧道等卫星信号缺失区域，仍能保持厘米级定位精度。路径规划模块则分为全局路径规划、行为决策和运动控制三个层次，通过深度强化学习的先进算法，实现从宏观路线选择到微观动作执行的全流程自动化。

从应用场景来看，自动驾驶技术已在多个领域取得实质性进展。在乘用车市场，特斯拉 Autopilot、蔚来 NOP 等 L2 级辅助驾驶系统已实现大规模装车；在共享出行领域，百度 Apollo、Waymo 等企业已在多个城市开展无人驾驶出租车商业化试点；在物流运输行业，图森未来等公司的无人驾驶卡车已在特定路线开展常态化

---

① 国家标准全文公开系统.汽车驾驶自动化分级[R/OL].(2021-08-20)[2024-12-27]. https://openstd.samr.gov.cn/bzgk/gb/newGbInfo?hcno=4754CB1B7AD798F288C52D91 6BFECA34.

运营。麦肯锡认为，到2030年自动驾驶市场规模将突破5000亿美元。[1]

政策法规方面，各国正加快完善自动驾驶相关法律框架。中国于2022年3月实施《汽车驾驶自动化分级》国家标准，2023年12月交通运输部发布《自动驾驶汽车运输安全服务指南（试行）》，明确了不同级别自动驾驶车辆的安全管理要求。2024年北京市经信局就《北京市自动驾驶汽车条例（征求意见稿）》公开征求意见，对自动驾驶车辆上路行驶、交通违法处理等关键问题作出规定。需要注意的是，监管部门特别强调要规范企业宣传行为，防止将L2级辅助驾驶系统夸大宣传为"自动驾驶"，误导消费者。公安部道路交通安全研究中心明确表示，虚假宣传自动驾驶功能可能面临最高2年有期徒刑的法律责任。[2]

尽管发展前景广阔，自动驾驶技术仍面临诸多挑战。在技术层面，复杂城市场景下的感知决策、极端天气条件下的系统可靠性、网络信息安全等问题亟待解决。在伦理层面，如何设定自动驾驶系统的道德决策机制仍存在广泛争议。2018年Uber自动驾驶测试车致死事故暴露出现有系统在突发情况应对上的不足[3]，而特斯拉的数据隐私争议则凸显了个人信息保护的重要性。这些案例提醒我们，自动驾驶技术的商业化应用必须建立在充分的安全验证和健全的法规监管基础上。

随着5G通信、车路协同等配套技术的成熟，自动驾驶将迎来更广阔的发展空间。长期来看，自动驾驶技术的普及将深刻改变城市交通形态：个人汽车保有量可能下降，共享出行成为主流；交通信号灯等基础设施将被智能路侧设备取代；城市停车空间需求大幅减少，道路交通效率显著提升。然而，这一变革过程需要技术创新、法规完善和社会接受的协同推进，只有解决好安全、

---

[1] 孙磊.中国自动驾驶产业迎"黄金十年"：利好政策持续加码,未来将成全球最大市场[EB/OL].(2022-09-27)[2024-12-27].环球网.https://capital.huanqiu.com/article/49p9i70zHtE.

[2] 公安部道研中心：虚假宣传自动驾驶，或面临2年以下刑期[EB/OL].(2025-04-18)[2025-04-27].光明网.https://baijiahao.baidu.com/s?id=1829694811014614218&wfr=spider&for=pc.

[3] 林迪.全球首例！Uber自动驾驶车撞人致死，项目被叫停[EB/OL].(2018-03-20)[2024-12-27].环球网.https://m.huanqiu.com/article/9CaKrnK6ZTw.

伦理、法律等关键问题，才能真正实现自动驾驶技术造福人类社会的美好愿景。

案例分析

自动驾驶技术作为人工智能领域最具革命性的应用之一，正在深刻改变着人类的出行方式和交通体系。在技术层面，自动驾驶系统已经取得了令人瞩目的突破。当前自动驾驶系统具有三大核心模块：环境感知、车辆定位和路径规划。激光雷达、摄像头和毫米波雷达的多传感器融合技术，配合深度学习算法，使车辆能够准确识别周围环境中的各种交通参与者。然而，2018年Uber自动驾驶测试车致死事故的案例[1]表明，现有技术在应对突发情况时仍存在明显不足。特别是在极端天气条件下，系统的可靠性仍有待提升。"科学技术的发展和应用要以人为本，促进民生，推进社会的公平与公义，为和谐社会建设服务。"[2] 科技发展要始终坚持以人为本的理念，这要求我们必须将技术安全性放在首位，未来需要重点突破的方向是：开发更具鲁棒性的感知算法，建立更完善的测试验证体系，以及提升系统在网络攻击等特殊情况下的防御能力。

伦理维度是自动驾驶技术面临的最复杂挑战之一。当系统在不可避免的碰撞事故中必须做出选择时，如何设定决策规则成为一个棘手的伦理难题。在面对不可避免的碰撞事故时，应优先选择对人员伤害最小的方案，这一以人为本的价值导向为解决伦理困境提供了重要指引。但实际操作中，不同文化背景下的伦理认知差异、算法透明性与可解释性要求以及隐私保护等问题，都需要审慎考量。特斯拉车内摄像头引发的数据隐私争议[3]就是一个典型案例，提醒我们在追求技术进步的同时，必须重视个人信息保护。

---

[1] 林迪.全球首例！Uber自动驾驶车撞人致死,项目被叫停[EB/OL].（2018-03-20）[2024-12-27].环球网. https://m.huanqiu.com/article/9CaKrnK6ZTw.

[2] 殷杰,郭贵春.自然辩证法概论(修订版)[M].北京:高等教育出版社,2020:248.

[3] 特斯拉涉嫌侵犯车主隐私遭到集体诉讼[EB/OL].（2023-04-10）[2024-12-27].环球网. https://tech.huanqiu.com/article/4CQuQ7U0TPj.

未来需要建立跨学科的伦理委员会，制定具有广泛社会共识的伦理准则，并通过立法手段确保这些准则得到有效执行。

社会接受度是决定自动驾驶技术能否成功推广的关键因素。公众对新技术仍存在诸多疑虑。这种疑虑部分源于对技术可靠性的担忧，部分则来自对就业冲击的恐惧。自动驾驶技术的应用可能会引发公众的担忧和不安，因此必须加强与公众的沟通和交流。在推广策略上，需要开展有针对性的科普教育，让公众了解技术的安全性和优势，同时要重视文化适应性，在不同地区采取差异化的推广方式。例如，在交通秩序较为混乱的地区，可以重点展示自动驾驶系统在避障和预警方面的能力。此外，还需要建立完善的社会保障体系，帮助受技术冲击的从业人员实现职业转型。

法律规制是自动驾驶技术健康发展的制度保障。现有法律体系仍存在诸多空白和模糊地带。特别是在事故责任认定、数据隐私保护、保险制度等方面，都需要建立新的法律框架。完善的法律法规是保障自动驾驶技术健康发展的重要保障，未来立法需要着重解决以下几个关键问题：明确不同自动驾驶级别下的责任主体，建立适应新技术特点的保险制度，制定严格的数据保护规范，以及完善跨境法律协作机制。值得注意的是，法律制定既要保持足够的刚性以确保安全，又要保留适度的弹性以适应技术的快速发展。

从未来发展来看，自动驾驶技术将与智慧城市建设深度融合。习近平总书记指出："科技成果只有同国家需要、人民要求、市场需求相结合，完成从科学研究、实验开发、推广应用的三级跳，才能真正实现创新价值、实现创新驱动发展。"[1] 要实现城市交通形态的根本性改变，必须坚持推动科技创新与伦理规范的统一的原则，在技术突破、伦理建设、社会融合和法制完善四个方面协同推进。特别需要强调的是，自动驾驶技术的发展不能仅由技术逻辑驱动，而应该是一个多方参与的协同创新过程。政府、企业、学术界和公众都需要积极参与其中，共同塑造技术的未来发展

---

[1] 习近平.在中国科学院第十七次院士大会、中国工程院第十二次院士大会上的讲话[N].人民日报,2014-6-10(002).

方向。

综合来看，自动驾驶技术的发展正处于关键转折点。一方面，技术持续突破为商业化应用创造了条件；另一方面，伦理、社会和法律等方面的挑战也不容忽视。中国马克思主义科学技术观为我们提供了重要的思想指引，其强调的以人为本、科技与社会协调发展等原则，应该成为自动驾驶技术发展的根本遵循。只有坚持技术创新与人文关怀的统一，才能确保自动驾驶技术真正造福人类社会。未来十年将是决定自动驾驶技术成败的关键期，需要各方以开放包容的态度共同推动这一革命性技术的健康发展，最终实现安全、高效、可持续的智能交通愿景。

参考文献

[1]习近平.在中国科学院第十七次院士大会、中国工程院第十二次院士大会上的讲话[N].人民日报,2014-06-10(002).

[2]王科俊,赵彦东,邢向磊.深度学习在无人驾驶汽车领域应用的研究进展[J].智能系统学报,2018,13(01):55-69.

[3]孙磊.中国自动驾驶产业迎"黄金十年":利好政策持续加码,未来将成全球最大市场[EB/OL].(2022-09-27)[2024-12-27].环球网.https://capital.huanqiu.com/article/49p9i70zHtE.

[4]公安部道研中心:虚假宣传自动驾驶,或面临2年以下刑期[EB/OL].(2025-04-18)[2025-04-27].光明网.https://baijiahao.baidu.com/s?id=1829694811014614218&wfr=spider&for=pc.

[5]特斯拉涉嫌侵犯车主隐私遭到集体诉讼[EB/OL].(2023-04-10)[2024-12-27].环球网.https://tech.huanqiu.com/article/4CQuQ7U0TPj.

拓展阅读

[1]喻思南.人工智能、5G通信、激光雷达等新技术密切协同,给汽车装上"大脑"[N].人民日报,2023-02-20(019).

[2]李贞.智能网联汽车加速驶入你我生活[N].人民日报海外版,2022-09-27(005).

基因编辑
——改写生命代码的伦理边界

摘要：基因编辑是一种修改DNA序列来改变遗传信息的技术，核心工具包括CRISPR-Cas9、TALENs和碱基编辑等，在医学领域有望治疗遗传病、癌症和病毒感染等病症。世界首例基因编辑猪肝移植研究在我国取得突破性进展，意味着我国在异种移植领域的基础研究和临床研究取得了实质性突破，为下一步的临床研究提供了理论支撑和数据支撑。这表明科学合理地运用基因编辑技术会为人类带来无尽福祉。但基因编辑作为一项新兴技术，存在一定的伦理道德风险，需要我们对其进行科学的风险评价和决策制定。

关键词：基因编辑；伦理风险；风险评价

案例描述

基因编辑是一种修改 DNA 序列来改变遗传信息的技术，核心工具包括 CRISPR-Cas9、TALENs 和碱基编辑等，其中 CRISPR 因高效、低成本成为主流。它在医学领域有望治疗遗传病、癌症和病毒感染，农业中可培育抗病高产作物，同时助力科学研究解析基因功能。

2025 年 3 月 27 日，空军军医大学西京医院窦科峰院士、王琳教授、董海龙教授、陶开山教授团队在国际学术期刊 Nature 上发表了题为"Gene-modified pig-to-human liver xenotransplantation"[①] 的文章，该研究介绍了世界首例将基因编辑改造的猪肝脏移植到一名被诊断为脑死亡的人类受体的案例，新肝在脑死亡患者体内成功存活并正常工作 10 天。手术历经供体猪肝切取、患者原肝切除、新肝植入、动静脉重建、止血关腹等多个阶段，历时十余个小时，成功将 800 余克六基因编辑猪肝脏以原位替换的方式植入到经过医院全力抢救、多次评估均认证为脑死亡患者体内。研究团队监测了 10 天内猪肝脏的功能、血流以及免疫和炎症反应，结果显示，猪肝脏在人体内正常运行并产生了胆汁和猪血清白蛋白，维持了稳定的血流，且没有出现排异迹象。这些结果表明，基因改造的猪肝脏能够在人体内存活并发挥功能，有望成为等待人类供体的肝衰竭患者的过渡疗法。这也意味着我国在异种移植领域的基础研究和临床研究取得了实质性突破，为下一步的临床研究提供了理论支撑和数据支撑。本次临床研究经过学术委员会、医学伦理委员会、器官移植委员会、动物委员会论证通过，符合国际异种移植相关要求。

我国慢性肝病群体仍占很大比例，其中肝硬化确诊患者占比最多，终末期肝病患者数量也在逐年增加。针对此类危重症，器官移植仍是目前唯一的根治性治疗方案。临床实践中，大量患者因无法及时获得同源供体导致死亡。异种移植技术突破供体来源限

---

① Kai Shan Tao, Zhao Xu Yang, Xuan Zhang. Gene-modified pig-to-human liver xenotransplantation[J]. nature, 2025-3-26.

制，为终末期肝病患者提供替代治疗选择，未来可能会成为传统肝移植手术的重要补充。肝脏作为人体的核心代谢器官，承担凝血调控机制、蛋白质生物合成及免疫调节等复杂功能，相较其他脏器移植，异种肝脏移植需突破凝血系统失衡与生理适配性等多重技术瓶颈。基因编辑猪肝脏能否完全替代人类肝脏，这是目前医学界正在攻克的世界性难题。以往辅助性肝移植，不切除受体自身肝脏，无法完全充分了解移植猪肝生理替代功能。而这项研究首次尝试切除受者自身肝脏，利用猪肝替换人肝，观察移植肝功能和患者生命体征变化，在国际上尚属首次。

为什么会选择猪作为移植的供体呢？是因为猪的器官大小、生理功能与人类高度相似，被视为"天然器官库"。但直接移植会引发致命的免疫排斥反应——猪细胞表面的α-半乳糖抗原会让人体免疫系统发起超强攻击。所以，科研团队还需要对供体进行基因改造，删除猪的三大"危险分子"基因，即GTKO、CMAH和B4GALNT2，这三个猪基因会表达引起超急性排斥和急性体液性排斥的猪抗原；同时加入了三重"保护盾"基因，即人类补体调节蛋白基因hCD46、hCD55以及人类凝血调节蛋白基因hTBM，前两者能够抑制免疫攻击，后者能够防止凝血紊乱。这样经过基因编辑之后便可进行肝移植。

案例分析

科学技术的运行在给人类带来较大正面作用的同时，也带来了一系列的负面影响，有可能产生各种各样的风险。基因编辑技术作为生命科学领域的前沿技术，为解决人类健康、农业发展等问题带来了很大的希望。如上述案例，基因编辑器官移植严格遵守相关法律法规，坚持科学技术是为了造福人类社会，不与伦理道德相悖，最终为人类带来的是无尽的福祉。然而，如同其他新兴科学技术一样，它也伴随着一系列复杂的伦理风险。这些伦理风险不仅涉及个体的尊严、权利和福祉，还关乎社会的公平、正义以及人类的未来发展。从科学技术的风险评价与决策角度来看，基因编辑技术的伦理风险为我们提供了一个深入思考和研究的典型案例。

在伦理道德上，基因编辑技术挑战了传统的伦理道德观念，如对人类生命的起源、本质和价值的认知。一些宗教和文化群体可能认为基因编辑干预了"自然秩序"，违背了他们的信仰和价值观。基因编辑可能被用于非治疗性的增强目的，如提升智力、外貌等。这可能导致对个体自然特征的不尊重，侵犯了个体基于自然遗传的尊严，潜在地侵犯了后代自主决定自身特征的权利。基因编辑技术的应用如果受到经济因素的限制，可能加剧社会不平等。富裕阶层有更多资源利用基因编辑技术提升后代，而贫困阶层难以接触到这些资源，进一步拉大贫富差距。此外，基因信息的泄露可能导致基因歧视，在就业、保险等领域，个体可能因基因特征而受到不公平对待。

在农业和生物领域，基因编辑技术的应用可能对生态系统产生不可预测的影响。基因编辑作物可能通过花粉传播等方式与野生植物杂交，改变野生植物的基因库，破坏生态平衡和遗传多样性。

作为一项新兴技术，从科学评价层面上，对基因编辑技术的风险评价需要从科学的角度出发，评估其技术的安全性和有效性。基因编辑工具如 CRISPR-Cas9 存在脱靶效应，可能导致非预期的基因改变，这需要通过大量的实验和研究来评估其发生的概率和潜在影响。同时，还需要研究基因编辑对个体健康的长期影响，包括可能引发的疾病和遗传问题。

从伦理层面上，伦理评估是基因编辑技术风险评价的重要组成部分。需要考虑基因编辑是否符合人类的基本伦理原则，如尊重、不伤害、公正和有利。在进行基因编辑治疗时，要考虑是否充分尊重患者的自主权，是否确保治疗的潜在利益大于风险，以及是否公平地分配技术带来的利益和负担。

从社会层面来看，需要评估基因编辑技术对社会结构、文化和价值观的影响。一旦基因编辑技术违背伦理道德，可能会造成社会公众的恐慌，冲击人们的价值观，从而扰乱社会和谐。

为了应对基因编辑技术的伦理风险，需要制定明确的伦理准则和规范。国际上已经有一些组织和机构发布了相关的伦理指南，如世界卫生组织和人类遗传学学会等。这些准则和规范为基因编辑技术的研究和应用提供了指导，确保技术的发展符合伦理道德要求。基因编辑技术是全球性的挑战，需要国际社会的合作与协调。各国应加强在基因编辑技术领域的交流与合作，共同制定国际标准和规范，避免技术的滥用和不良后果的发生。

政府和相关机构应加强对基因编辑技术的监管和审批。建立严格的审批程序，对基因编辑技术的研究和应用进行严格审查，确保其安全性和伦理合理性。对于基因编辑治疗的临床试验，需要经过多轮的伦理审查和监管机构的批准才能进行。

公众参与是基因编辑技术决策制定的重要环节。通过开展公众教育活动，提高公众对基因编辑技术的认识和理解，增强公众的伦理意识和风险意识。同时，鼓励公众参与技术的决策过程，听取公众的意见和建议，使决策更加符合社会的需求和价值观。

基因编辑技术的伦理风险充分体现了科学技术的风险评价与决策的复杂性和重要性。在面对新兴科学技术时，我们不能仅仅关注其潜在的利益，还需要全面、深入地评估其可能带来的风险，包括伦理风险。通过科学的风险评价和合理的决策制定，我们可以在促进基因编辑技术发展的同时，最大程度地降低其伦理风险，确保技术的应用符合人类的利益和价值观。这不仅是对科学技术的负责任态度，也是对人类未来发展的担当。基因编辑研究的原动力是增进人类福祉和促进社会繁荣，这也是人类基因组编辑的首要原则①。只有这样，我们才能实现科学技术与人类社会的和谐发展，让科技真正造福人类。

参考文献

[1] Kai Shan Tao, Zhao Xu Yang, Xuan Zhang. Gene-modified pig-to-human liver xenotransplantation[J]. nature, 2025-3-26.

[2] 杨舒. 人类基因组编辑研究有了伦理指引[N]. 光明日报, 2024-07-09(008).

---

① 杨舒. 人类基因组编辑研究有了伦理指引[N]. 光明日报, 2024-07-09(008).

拓展阅读

[1]焦国慧,陈静瑜.基因编辑异种器官移植技术的发展及趋势思考[J].中国医学前沿杂志(电子版),2025,17(04):1-6.

[2]徐如刚.基因正义的分析进路:自然基本善抑或可行能力——人类基因编辑与社会正义关系论争的一个考察[J].科学技术哲学研究,2025,42(02):100-107.

脑机接口
——直连思维与机器的桥梁

摘要：脑机接口是一种突破性的人机交互技术，它绕过传统神经肌肉通路，建立大脑与外部设备之间的直接通信通道，其核心目标是实现思维活动与机器指令的双向转换，为运动障碍患者提供新的控制方式，如通过想象动作操控机械臂或拼写文字进行交流。该技术分为侵入式、部分侵入式和非侵入式三种类型，分别适用于不同场景和需求。在医疗领域，脑机接口技术已展现出显著的康复潜力，在虚拟现实、太空等领域也展现出广阔的应用前景。然而该技术仍面临信号稳定性、隐私保护、伦理问题等挑战，需在技术创新与人文关怀之间取得平衡。

关键词：脑机接口；神经康复；人机交互；信号解码；伦理挑战

案例描述

脑机接口（Brain-Computer Interface，简称 BCI）技术，是一项新兴人机交互技术，它绕过大脑外周神经和肌肉的正常输出通路[①]，在大脑与外部物理设备或数字系统之间构建起直接的通信与控制通道。简单来说，BCI 的目标是实现思维活动与机器指令之间的双向直接转换。

这项技术的核心目标具有双重性。一方面是实现大脑信息输出，即捕捉、解码大脑产生的特定神经活动模式（这些模式可能代表运动意图、认知状态甚至主观感受），并将其转化为可被计算机理解、进而驱动外部设备执行的命令。例如，让一位肢体瘫痪的患者仅仅通过想象手部动作，就能操控机械臂抓取水杯，或者通过想象拼写单词，在屏幕上输出文字进行交流。另一方面是实现信息向大脑输入，即将外部设备采集的信息（如摄像头捕捉的视觉图像、传感器感知的触觉压力）或计算机生成的数据流，转化为特定的电、磁或声刺激模式，作用于大脑的特定区域，试图让大脑直接"感知"到这些信息，为恢复或增强感觉功能提供可能。

BCI 现阶段的应用呈现以医疗为主、非医疗应用"多点开花"的态势。[②] 医疗领域这是当前最具现实意义和迫切需求的领域，旨在帮助那些因脊髓损伤、中风、肌萎缩侧索硬化症（Amyotrophic Lateral Sclerosis，简称 ALS）或肢体缺失等原因导致严重运动功能障碍的患者，恢复部分失去的行动能力或沟通能力。通过 BCI，患者可以用意念控制轮椅移动、操纵仿生假肢完成精细动作，或者借助脑控拼写系统实现高效的交流，极大地提升生活独立性和尊严。此外，BCI 在神经科学研究中是强有力的工具，帮助科学家更深入地探索大脑如何编码信息、产生意识、控制行为等基本问题。在探索性应用方面，BCI 也展现出增强人机交互效率的潜力，例如在复杂环境（如太空、深海）中更高效地控制设备，或者在虚拟

---

① 李珍,谢攀琳.被动型脑机接口的自我与责任困境[J].学术研究,2025,(03):30-36.
② 阮梅花,张丽雯,张学博,等.脑机接口领域发展态势[J].生命科学,2025,37(01):57-66.

现实/增强现实（VR/AR）中提供更沉浸、更直观的交互体验。

  BCI 系统实现其功能的基本工作原理可以概括为几个关键步骤组成的闭环。首先，信号采集是起点。这通常通过放置在大脑附近或内部的传感器（电极）完成。根据电极与大脑的相对位置，主要分为侵入式（电极直接植入大脑皮层或脑内，信号质量高但需手术）、部分侵入式（电极置于硬膜下或颅骨表面，风险稍低）和非侵入式（如脑电图 EEG 帽置于头皮外，安全便捷但信号相对模糊且易受干扰）三种方式[①]。其次，信号解码（或编码）是整个系统的核心技术挑战。采集到的原始神经信号极其复杂且充满背景噪音，需要依赖先进的人工智能算法（如机器学习、深度学习模型）对信号进行预处理、特征提取和模式识别。系统需要"学习"并识别出与用户特定意图（如想象左手运动、注意某个闪烁图标）相关联的独特神经活动模式特征，最终将其解码为具体的控制命令（如"鼠标左移""选择字母 A"）。对于信息输入型 BCI，则需要将外部信息编码成大脑可识别的刺激模式。第三步是命令执行，将解码得到的明确指令传输给外部设备（如电脑、机械臂、轮椅控制器、语音合成器），驱动其执行相应的动作。最后，感觉反馈对于形成闭环控制、提高系统性能和用户适应性至关重要。设备执行的结果（如机械手是否成功抓取物体、轮椅是否避开障碍物）需要通过用户的自然感官（视觉、听觉）或未来可能实现的 BCI 直接感觉刺激反馈给用户，用户据此调整其意图，系统则根据反馈优化解码模型，形成一个动态的学习与适应闭环。

  尽管 BCI 前景广阔，但其发展与应用仍面临着一系列严峻的技术挑战和深刻的社会伦理考量。技术瓶颈首当其冲：信号的稳定性和质量（尤其是非侵入式）、信息传输的速率（带宽）和长时间使用的可靠性仍需大幅提升。侵入式电极面临长期的生物相容性、安全性和信号衰减问题。解码大脑复杂意图的准确性、系统对不同用户和用户不同状态（如疲劳）的泛化能力及用户训练所需的时间成本都是现实难题。安全与伦理风险则更为复杂和深远：

---

 ① 赵继宗.脑机接口:拓展人脑疆界的革命性技术与神经外科学的未来[J].协和医学杂志, 2025,16(02):269-276.

脑电信号包含人类最私密的思想活动信息，其采集、存储、传输和使用过程中如何防止泄露、滥用或被黑客攻击，确保"思想隐私"安全是核心问题。BCI 控制的设备若造成伤害（如脑控车辆事故），责任归属难以界定。长期使用是否会改变用户的自我认知、削弱自主意识？BCI 是修复缺陷还是增强能力？若用于增强，是否会加剧社会资源分配不公，造成"神经鸿沟"？对于侵入式 BCI，手术风险、长期植入物的未知影响以及设备停用或失效带来的后果也需要严肃评估。这些挑战要求技术研发必须与伦理、法律和社会规范（ELSI）研究同步进行。

面向未来，脑机接口技术最根本且最迫切的意义在于其革命性的医疗潜能。它为那些被传统医学手段判定为功能永久丧失的患者（如高位截瘫、闭锁综合征患者）重新打开了与世界互动的大门，有望极大改善其生活质量，恢复基本尊严和自主性。随着技术的成熟，其应用范围可能从重度残疾群体拓展到更广泛的神经疾病治疗领域（如更精准的深部脑刺激治疗帕金森病、抑郁症）。从更广阔的视角看，BCI 代表了人类探索自身认知边界、拓展与物理及数字世界交互方式的前沿方向。它可能催生全新的人机协作模式，在特定专业领域（如复杂系统控制、海量信息处理）提升效率。作为强大的神经科学研究工具，BCI 将持续深化人类对大脑这个宇宙中最复杂系统的理解，推动神经科学、认知科学和人工智能的交叉融合与进步。

脑机接口技术，正处于从实验室迈向实际应用的转折点。它承载着为重症残障人士重建生命尊严的希望，也激发着人类拓展自身能力的想象。然而，这条通往"思维直连"的道路布满荆棘，既有亟待攻克的技术难关，更有涉及思想隐私、身份认同和社会公平的深刻伦理拷问。唯有在持续推动技术创新的同时，同步开展审慎、全面、深入的伦理讨论与社会共建，确保技术的发展方向始终以增进人类福祉为核心，脑机接口才能真正成为造福人类的桥梁，而非带来未知风险的深渊。它的未来形态与应用边界，最终将取决于我们今日在技术跃进与人文关怀之间所做出的抉择。

案例分析

脑机接口技术作为21世纪最具革命性的科技突破之一，正在重塑人类与机器的交互方式，这项技术既带来了前所未有的医疗希望，也引发了深刻的社会思考。

在技术发展方面，脑机接口已经实现了从实验室研究到临床应用的跨越。从1924年人类首次检测到脑电信号[1]，到2025年天津大学开发的"双环路"无创演进脑机接口系统[2]，技术迭代速度令人瞩目。2024年的几个关键突破尤为值得注意：Neuralink首例人类植入手术成功[3]、中国团队研发的65000通道脑机接口芯片[4]，以及复旦大学研发的植入式脑脊接口设备[5]。这些成就表明，脑机接口技术正在向更高精度、更低侵入性的方向发展。目前主要技术路线包括侵入式、部分侵入式和非侵入式三种，各自具有不同的应用场景和优缺点。侵入式技术虽然信号质量高，但存在手术风险；非侵入式技术安全性更好，但信号分辨率较低。这种技术路线的多样性为不同需求的应用场景提供了可能。

医疗康复领域是脑机接口技术最具价值的应用方向。2025年美国加利福尼亚大学研究团队帮助中风患者重新"说话"[6]；同年，上海华山医院通过脑机接口让患者重建交流能力[7]。这些突破性进展为神经系统疾病患者带来了新的希望。在功能修复方面，脑机接口已经展现出在运动功能重建、语言能力恢复、感觉功能替代

---

[1] 穿上义肢弹琴写作无障碍，脑机接口技术让科幻变成现实[EB/OL].（2025-05-05）[2025-05-13]. 湖南日报. https://baijiahao.baidu.com/s?id=1831241753107140310&wfr=spider&for=pc.

[2] 陈曦,焦德芳.我国在脑机接口领域取得新突破[N].科技日报,2025-2-18(01).

[3] 毕陆名.重磅！首例人类接受Neuralink植入物，马斯克：目前恢复良好[EB/OL].（2024-01-30）[2025-05-13]. 每日经济新闻. http://www.nbd.com.cn/articles/2024-01-30/3227590.html.

[4] 全球脑机接口应用迎来新突破[EB/OL].（2025-04-10）[2025-05-13].新华网. https://www.news.cn/tech/20250410/c32cf12e51a444c89872f1a236adb158/c.html.

[5] 任朝霞,曾译萱,殷梦昊.复旦大学团队脑脊接口研究获突破[N].中国教育报,2024-10-11(01).

[6] 新型脑机接口设备使中风患者重新"说话"[EB/OL].（2025-04-01）[2025-05-13].新华网. https://www.news.cn/tech/20250401/f814de55d95e497d9da032af7a284ba9/c.html.

[7] 世界上首段意念完成的新年祝福发自上海！探秘脑机接口重磅突破[EB/OL].（2025-01-02）[2025-05-13].上观新闻. https://export.shobserver.com/baijiahao/html/837853.html.

等方面的巨大潜力。例如，人工耳蜗就是最成功的临床应用之一，全球已有多人植入。随着技术的进步，未来很可能实现更复杂的功能修复，如精细动作控制、情感表达等。这些应用不仅改善了患者的生活质量，更重塑了医学界对神经系统疾病治疗的认知框架。

中国在脑机接口治理方面的探索值得关注。2025年国家医保局为"脑机接口"设立收费项目①，湖北省率先制定政府指导价，这些举措体现了政策层面对技术规范化的重视。中国团队在技术研发上也取得显著成果，如天津大学的"双环路"系统和清华大学的微创脑机接口技术，这些进展为全球脑机接口发展提供了重要参考。

未来，脑机接口技术将面临三大关键转折：一是技术路线的收敛与标准化，当前多样化的技术路径可能会逐渐形成主流标准；二是应用场景的扩展与分化，医疗康复、增强功能、娱乐等不同领域将发展出专门化的解决方案；三是伦理框架的建立与完善，需要形成全球共识的技术使用规范。为解决三大关键转折的实践难题，需要建立全方位的治理体系。在技术层面，应当贯彻最小化数据采集的原则，开发功能特异性设备；制度层面可借鉴神经数据信托制度，通过独立机构监管数据流向；社会层面则要加强公众教育和参与，培养批判性思维，形成技术使用的社会共识。在这个过程中，保持技术创新与伦理约束的平衡至关重要。

脑机接口技术的发展已经来到历史性的十字路口。习近平总书记指出："科技是国家强盛之基，创新是民族进步之魂。"② 脑机接口技术的伦理挑战，本质上是人类在技术革命中如何平衡创新活力与价值底线的集体性议题。"科学技术的发展和应用要为国家的经济社会发展、长治久安以及可持续发展服务。"③ 我们既不能因噎废食，错失技术带来的医疗突破，也不能放任自流，忽视技术

---

① 国家医保局为"脑机接口"收费立项，几十万元产品上市后将纳入医保[EB/OL].(2025-03-13)[2025-05-13].上观新闻.https://export.shobserver.com/baijiahao/html/875181.html.

② 习近平.在中国科学院第十七次院士大会、中国工程院第十二次院士大会上的讲话[N].人民日报,2014-6-10(002).

③ 殷杰,郭贵春.自然辩证法概论(修订版)[M].北京:高等教育出版社,2020:248.

可能造成的社会风险。唯有通过技术创新、制度设计、全球协作和社会参与的多元共治，才能确保脑机接口技术真正服务于人类福祉，成为推动社会进步的有力工具。在这个充满希望又暗藏风险的新领域，我们需要保持理性乐观的态度，既拥抱技术带来的可能性，又警惕其潜在的负面影响，共同塑造一个技术与人性和谐共处的未来。

参考文献

[1]习近平.在中国科学院第十七次院士大会、中国工程院第十二次院士大会上的讲话[N].人民日报,2014-6-10(002).

[2]阮梅花,张丽雯,张学博,等.脑机接口领域发展态势[J].生命科学,2025,37(01):57-66.

[3]李珍,谢攀琳.被动型脑机接口的自我与责任困境[J].学术研究,2025,(03):30-36.

[4]赵继宗.脑机接口:拓展人脑疆界的革命性技术与神经外科学的未来[J].协和医学杂志,2025,16(02):269-276.

[5]陈玥桦,高晓红.脑机接口技术下的社会关系变迁:从个体到群体[J/OL].科技进步与对策,1-10[2025-05-29].http://kns.cnki.net/kcms/detail/42.1224.G3.20250523.1651.020.html.

[6]穿上义肢弹琴写作无障碍,脑机接口技术让科幻变成现实[EB/OL].(2025-05-05)[2025-05-13].湖南日报.https://baijiahao.baidu.com/s?id=1831241753107140310&wfr=spider&for=pc.

[7]陈曦,焦德芳.我国在脑机接口领域取得新突破[N].科技日报,2025-2-18(01).

[8]毕陆名.重磅！首例人类接受Neuralink植入物,马斯克:目前恢复良好[EB/OL].(2024-01-30)[2025-05-13].每日经济新闻.http://www.nbd.com.cn/articles/2024-01-30/3227590.html.

[9]全球脑机接口应用迎来新突破[EB/OL].(2025-04-10)[2025-05-13].新华网.https://www.news.cn/tech/20250410/c32cf12e51a444c89872f1a236adb158/c.html.

[10]任朝霞,曾译萱,殷梦昊.复旦大学团队脑脊接口研究获突破[N].中国教育报,2024-10-11(01).

[11]新型脑机接口设备使中风患者重新"说话'[EB/OL].(2025-04-01)

[2025-05-13]. 新华网. https://www.news.cn/tech/20250401/f814de55d95e497d9da032af7a284ba9/c.html.

[12] 世界上首段意念完成的新年祝福发自上海！探秘脑机接口重磅突破[EB/OL]. (2025-01-02)[2025-05-13]. 上观新闻. https://export.shobserver.com/baijiahao/html/837853.html.

[13] 国家医保局为"脑机接口"收费立项，几十万元产品上市后将纳入医保[EB/OL]. (2025-03-13)[2025-05-13]. 上观新闻. https://export.shobserver.com/baijiahao/html/875181.html.

拓展阅读

[1] 管晶晶,张佳星,刘恕,等.脑机接口临床应用还有多远[N].科技日报,2025-5-22(005).

[2] 路轶晨.四川攻坚突破脑机接口及人机交互产业[N].中国电子报,2025-5-27(003).

人工智能
——奏响人机共存的和谐旋律

摘要：人工智能迅猛发展，深刻改变人们的生活方式，在电商媒体、视觉与语音识别、游戏策略、语言文本的生成等领域已经展现出明显超越人类的能力。但我们最终并不会被人工智能所取代，这是因为人创造了机器并具有自身独特的情感、处理复杂事件的能力。人工智能本质上只是一种会学习的机器，是理性的延伸，而人类兼具理性和感性。人工智能是人类社会的一次重要演变，这个演变预示着在我们的未来社会，人类作为有机生命，一定会与一个无机的智慧生命和谐并存。

关键词：人工智能；科学技术；取代论

> **案例描述**

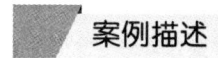

当前，人工智能工具层出不穷，深刻改变了人民的生活。当你输入一个指令，人工智能软件能够在很短的时间内完成思考并给出答案，能画画、写诗、做PPT、写总结等。你是否会有这样的疑问：未来人类会不会被人工智能所取代？

如今，人工智能已经在很多领域明显超过人类，这是一个不争的事实。

在数据处理和分析能力上，AI能快速从海量数据中提取有用信息，发现潜在规律和趋势。对于复杂且实时变化的数据，如金融市场的实时交易数据、智能城市的交通数据等，AI能够即时处理并做出反应和调整，人类则很难在短时间内对如此大量的实时数据进行有效处理。

在图像、视频、语音识别领域，AI识别数据中隐藏模式的能力十分出色。在医学影像诊断中，AI可以通过对数百万张医学影像的学习，发现人类医生可能遗漏的微小病变，帮助医生更早、更准确地诊断疾病。AI通过对大量病例数据的分析，能辅助医生做出更精准的诊断。在一些癌症筛查中，AI的表现已显示出比人类医生更高的准确性，能够发现一些早期的、细微的病变迹象，为患者的治疗争取更多时间。

在计算能力与推理上，AI擅长极为复杂的数学推导和优化，在高维度计算问题上远远超过人类的能力。在科学研究和工程领域，AI能够快速准确地完成复杂的计算任务，为科研人员和工程师节省大量时间和精力。在气候变化、金融市场预测、天气预测等领域，AI可以根据大量的历史数据和实时输入进行精确的模拟和预测。气象部门可以利用AI模型结合气象数据，更准确地预测天气变化，为人们的生产生活提供有力的决策支持。

在航空航天、汽车设计等领域，AI可以自动进行虚拟仿真，优化设计方案。通过快速模拟各种设计方案的性能和效果，AI帮助工程师找到最优设计，大幅提高设计效率和产品质量。

在电商、社交媒体、视频平台等领域，AI通过分析用户行为数据，能够生成高度精准的个性化推荐系统。视频平台的推荐算法可以根据用户的观看历史和兴趣偏好,为用户推荐符合其口味的视频内容,使用户更容易发现自己感兴趣的信息。

AI驱动的机器人能够高效完成生产线上的装配、检测、包装等工作,且不受疲劳、情绪等因素影响,产品的精度和生产效率都高于人工。在汽车制造工厂中,机器人可以精确地完成车身焊接、零部件装配等工作,保证产品质量的稳定性。

在视觉与语音识别领域,AI在面部识别、目标追踪、自动标注等方面表现出色。在安防领域,AI面部识别系统可以快速准确地识别出人员身份,实现门禁控制、安全监控等功能。AI的语音识别系统,如Google Assistant已经能够准确理解各种方言和口音,进行流畅的语音交互。在智能客服领域,语音识别技术可以将客户的语音指令快速准确地转换为文字信息,为客户提供及时的服务。

在游戏与策略优化上,像AlphaGo和AlphaZero等AI系统,已经击败了世界顶尖围棋选手。它们通过自我对弈学习新的策略和技巧,能够达到极高的水平,展现出了超强的策略思维和计算能力。在电子游戏中,AI通过深度学习优化对战策略,在策略类游戏中表现出比人类玩家更强的战术执行能力。在一些即时战略游戏中,AI能够快速做出合理的决策,指挥单位进行战斗和发展,其效率和准确性往往让人类玩家难以企及。

在语言处理与生成现代上,AI(如GPT系列模型)能够生成高质量的文本,还可以进行多种语言之间的即时翻译。在新闻写作、文案创作等领域,AI可以快速生成内容,为创作者提供灵感和参考;在跨国交流中,AI翻译工具能够实现不同语言之间的快速准确翻译,打破语言障碍。

案例分析

"未来人工智能带来的科技产品,是使机器能够胜任一些通常需要人类智能才能完成的复杂工作。"[①] 即便人工智能在很多领域

---

① 殷杰,郭贵春.自然辩证法概论(修订版)[M].北京:高等教育出版社,2020:216.

已明显超越人类，但我们最终绝不会被人工智能所取代。因为在很多领域，人工智能仍然无法超越人类。人类的创造力是独特且不可替代的，能够从无到有地构思全新的概念、艺术作品、科学理论等。"人工智能是理性的延伸，而人类是感性与理性的交响。"① 人类拥有丰富的情感体验，能够深刻理解他人的情绪状态，并做出恰当的情感回应。在面对复杂的道德和伦理情境时，我们能够根据自己的价值观、道德准则和社会背景进行综合判断，并做出符合伦理的决策。在社会交往中我们能够理解他人的意图、动机和社会角色，运用各种社交技巧建立和维护人际关系等等，这些共情能力都是人工智能所没有的。

人工智能标志着人类文明的重大变革，昭示着有机生命体与无机智慧系统将形成新型共生形态。这种协同关系的构建路径何在？人工智能是否会全面替代人类的创造性活动？答案是否定的。作为算力工具，人工智能始终定位于人类能力的延伸载体，其研发设计严格遵循人本伦理框架。这种技术本质是人类认知的延伸，在开发超越自身智能水平的系统过程中，人类也同步实现认知维度的跃升。从历史维度来看，从钻木取火到火柴发明，从步行到机动化出行，每个技术突破都伴随着替代性焦虑，但历史经验表明，人类社会并没有因为这些忧虑而阻碍科学技术的进步和发展。

人工智能本质上只是一种会学习的机器。从长远来看，当人们需要掌握使用、调整人工智能的新技能时，新的就业机会增多。《政府工作报告》中强调，未来要激发数字经济创新活力。持续推进"人工智能+"行动，将数字技术与制造优势、市场优势更好地结合起来。② 为发展新质生产力，推动科技创新和产业创新融合发展，未来就业市场亟需擅长使用人工智能技术的综合性人才，如算法工程师、AI研究员。未来，我们必定会与人工智能携手共存，如何实现更好的发展，人类与人工智能要明确分工与协作。在医疗领域，可由AI辅助医生进行诊断，通过分析大量医学影像数据

---

① 智春丽.生成式人工智能爆发,未来"人工"会被取代吗？[N].人民日报,2025-3-17(01)。

② 李强.政府工作报告——2025年3月5日在第十四届全国人民代表大会第三次会议上[N].人民日报,2025-3-13(001).

提供诊断建议,医生则根据专业知识和临床经验做出最终判断并实施治疗方案;在教育领域,AI可定制个性化学习计划,为学生提供针对性的学习内容和辅导,教师则专注于培养学生的情感、价值观以及创造力等难以被AI替代的能力。教育体系需更加注重培养学生的创造力、批判性思维、人际交往能力和跨学科知识,以适应AI时代的就业需求。同时,随着AI取代一些重复性、规律性的工作,人类需要不断学习新技能,向AI难以替代的领域转型,如艺术、人文、医疗护理等情感密集型和复杂决策型工作。在城市管理中,AI可用于协调交通流量、优化能源分配和物流配送等,人类负责设定城市发展的目标和战略方向,如制定环保目标、社会公平指标等,确保AI的运行符合人类社会的整体利益。同时,政府需制定和完善针对AI的法律法规,明确AI开发者、使用者和监管者的权利和义务,规范AI在各个领域的应用。在数据隐私保护、自动驾驶责任界定、AI创作版权归属等方面制定具体的法律条款。确立明确的AI伦理准则,如尊重人类尊严、保障公平公正、保护隐私、避免伤害等,引导AI的研发和应用方向。相关企业和组织应建立内部伦理审查机制,对AI项目进行严格的伦理评估。科技向善,才能更好造福人类。

综合观之,尽管人工智能在数据处理、复杂计算、模式识别等诸多方面展现出强大能力,衍生出众多新的工作机会,极大地改变了我们的生活与工作方式,但人类拥有不可替代的独特优势。人工智能是人类智慧的产物,是助力我们前行的工具,而非取代我们的存在。人类与人工智能各有所长,相互协作定能创造出更加美好的未来,人类也将在科技浪潮中持续闪耀独特光芒,续写属于自己的辉煌篇章。

参考文献

[1]智春丽.生成式人工智能爆发,未来"人工"会被取代吗?[N].人民日报,2025-3-17(01).

[2]李强.政府工作报告——2025年3月5日在第十四届全国人民代表大会第三次会议上[N].人民日报,2025-3-13(001).

拓展阅读

[1]刘伟兵.人工智能会生成意识形态吗？[J/OL].山东大学学报(哲学社会科学版),2025,(03):175-185[2025-05-21].

[2]包晨婷,温波,丘亮辉.人工智能应用的伦理隐忧及治理进路——从马克思机器观出发[J].自然辩证法研究,2024,40(09):70-76.

[3]鲁俊群,李璇.AI觉醒:生成式人工智能产业机遇与数字治理[M].北京:机械工业出版社,2024.

第五章

自主的东方范式
——中国马克思主义科学技术观

"东方红一号"人造卫星
——中国航天事业的里程碑

摘要："东方红一号"卫星的成功发射是中国航天事业的里程碑。1958年，毛泽东提出"我们也要搞人造卫星"，在苏联撤走专家、美苏航天竞赛的背景下，中国以"举国体制"集中资源攻关。1967年确立的"上得去、抓得住、听得到、看得见"四大技术指标，驱动团队自主研制银锌电池等核心技术。1970年卫星升空后，《东方红》音乐通过电台全球传播，卫星数据支持成昆铁路选线等民生工程，彰显了社会主义制度下科技服务于公共利益的伦理取向。这一工程不仅验证了"集中力量办大事"的制度优势，更开创了"大科学工程"协同范式，其技术遗产至今仍支撑中国航天发展。

关键词：举国体制；技术自主；公共利益

案例描述

"东方红一号"人造卫星的研制与发射是中国科技史上具有划时代意义的重大事件,该工程始于1958年毛泽东在中共八大二次会议上提出的"我们也要搞人造卫星"的战略号召,该卫星最后被命名为"东方红一号",运载它的火箭是"长征一号"。彼时,国际航天领域正处于美苏争霸的激烈竞争中,1957年苏联成功发射"斯普特尼克一号",成为首个将人造卫星送入太空的国家,紧接着1958年美国"探险者一号"也升空,这一系列事件直接触发了中国领导层对战略威慑与科技主权的深刻危机意识。毛泽东等领导人意识到,卫星技术不仅是国家综合实力的象征,更是维护国家安全、打破美苏技术垄断的关键。在此背景下,"东方红一号"工程被赋予了双重使命:既要突破技术封锁,确立中国的科技主权,又要通过航天技术的突破,带动国家工业体系的全面升级。这一战略决策,不仅体现了马克思主义关于"科学技术是推动社会变革的革命力量"的深刻洞察,也彰显了社会主义制度集中力量办大事的体制优势,为后续的自主创新之路奠定了坚实基础。

从技术基础看,1964年东风二号中程导弹的成功发射与原子弹试验的突破,[1]为卫星工程奠定了运载火箭与系统工程能力。1965年钱学森、赵九章等科学家向周恩来提交的卫星研制建议书,标志着工程从理论探索转向实践部署。中央专委确立的"651工程"采用"举国体制"协同模式:中国科学院负责卫星本体与测控系统,七机部研制长征一号火箭,国防科委统筹发射场建设,形成跨部门、跨学科的协同创新网络。这种集中力量办大事的社会主义制度优势,使中国在工业基础薄弱的条件下实现了技术跃迁——卫星重达173公斤,超过了前四个国家发射第一颗卫星的重量之和,且100%采用国产元器件[2],轨道衰减率极低,展现了工

---

[1] 1964年6月29日,"东风二号"导弹发射成功[EB/OL]. (2017-06-29)[2024-12-18]. 中国军网. https://photo.81.cn/tsjs/2017-06/29/content_7656680_2.htm.

[2] 赵竹青."东方红一号"50周年:从筚路蓝缕到星辰大海[EB/OL]. (2020-04-24)[2024-12-18]. 人民网. http://jysh.people.cn/n1/2020/0424/c404390-31686762.html.

程质量的卓越性。

根据 1967 年确立的"东方红一号"卫星技术指标体系，卫星需满足"入轨成功、测控稳定、声播全球、目视可见"等核心要求。其中"目视可见"指标明确要求卫星运行过程中，需要达到地面裸眼可观测到的程度。科研团队创新性提出"借光"策略，独创"观测裙"设计，即利用太阳光反射原理，在第三级火箭体外部加装环形光学反射组件，通过精密设计的镀铝曲面实现阳光定向折射。由于缺乏现成技术参考，攻关组历时一年多开展理论计算与缩比试验，最终实现了这一目标。在技术突破方面，还攻克了温控涂层技术、薄壁件加工及卫星蒙皮骨架铆接、卫星动平衡和转动惯量测试等难题。

1970 年 4 月 24 日，我国用"长征一号"运载火箭发射"东方红一号"卫星获得圆满成功，一曲嘹亮的《东方红》响彻寰宇、震动世界！标志着我国正式开启了太空时代。《东方红》乐曲通过中央人民广播电台转播，成为打破西方技术霸权的文化符号，周恩来评价其为"让世界听到中国的声音"。在科技层面，工程衍生多项新材料与新工艺，填补国内技术空白，培育出多位航天领军人才。在社会层面，科研人员的协作攻关，开创了中国"大科学工程"的组织范式，钱学森提出的"总体设计部"方法论成为现代系统工程管理的基石。截至 2025 年，"东方红一号"仍在轨运行，其技术遗产在"天琴一号"引力波探测卫星等当代项目中延续。

案例分析

"东方红一号"的成功实践是中国马克思主义科学技术观的具象化表达，其核心逻辑体现在科技创新与制度优势、群众主体性与技术民主化、自主创新与技术伦理的三重辩证统一中，为当代科技自立自强提供了理论范式。

马克思主义强调"生产关系的变革为生产力发展开辟道路"，"东方红一号"的研制验证了这一规律。中央专委统筹的"举国体制"突破了资本主义私有制下的资源分散性，通过国家战略需求牵引技术攻关。在"文革"动荡中，周恩来签发"特别保护令"保障科研骨干工作，普通工人以"雪地烧制电解槽""手工抛光蒙皮"等土法完成精密制造。这种"集中力量办大事"的制度优势，使中国在物质极其匮乏的条件下实现航天技术突破，其效率远超同期资本主义国家的市场驱动模式。

劳动者即"人"，是生产力中最活跃、最能动、最革命，因此也是决定性的因素。"东方红一号"的研制过程体现了"人民主体"的创新观：侯增祺团队用算盘完成热控计算。[①] 这种"土洋结合"的创新模式，打破了精英主义的技术垄断，将劳动者的实践经验转化为技术方案，印证了毛泽东"卑贱者最聪明"的论断。同时，工程向全球公开轨道参数并与他国建立数据共享机制，践行了"科技应为人类共同财富"的马克思主义国际主义精神，与美苏的技术保密政策形成鲜明对比。

马克思主义批判资本主义将技术异化为资本增值工具，而"东方红一号"的实践彰显了社会主义科技伦理：其一，技术路线坚持自主性，在苏联拒绝提供援助后，选择差异化发展路径；其二，技术应用聚焦公共利益，卫星遥测数据无偿支持成昆铁路选线与油田勘探，这种将航天技术转化为民生福祉的实践，与资本主义国家将军事技术服务于霸权扩张形成鲜明对比；其三，技术评价标准超越功利主义窠臼：周恩来总理在审定卫星方案时明确要求"乐音装置不得镶嵌毛泽东像章以减轻重量"，以确保核心部件可靠性，体现了"技术理性优先于政治符号"的科学精神。科研团队因此采用电子振荡器模拟铝板琴声，通过地面接收-电台转播的"接力"模式实现全球乐音传播，既完成政治使命又恪守科学规律。这种以人民为中心的技术伦理，与马克思主义批判的"资本逻辑至上"形成根本区别，为当代应对算法垄断、数据隐私等问题提供了历史镜鉴。

"东方红一号"的历程验证了需求导向的创新规律：1964年赵九章致信周恩来强调卫星对导弹预警的战略价值，直接推动工程

---

① 50年再回首:揭秘"东方红一号"里的中国故事[EB/OL].(2020-04-25)[2024-12-18].中国新闻网.https://www.chinanews.com.cn/gn/2020/04-25/9167350.shtml.

立项；同时，工程反哺人才培养，通过"干中学"模式培育出首批航天系统工程专家，其"总体设计-分系统协作-全域验证"的方法论影响至今。这种"实践出真知"的人才观，与当代"新工科"教育强调的产教融合一脉相承。

参考文献

[1] 赵竹青."东方红一号"50周年：从筚路蓝缕到星辰大海[EB/OL]. (2020-04-24) [2024-12-18]. 人民网. http://jysh.people.cn/n1/2020/0424/c404390-31686762.html.

[2] 1964年6月29日，"东风二号"导弹发射成功[EB/OL]. (2017-06-29) [2024-12-18]. 中国军网. https://photo.81.cn/tsjs/2017-06/29/content_7656680_2.htm.

[3] 让人热泪盈眶！揭秘东方红一号卫星的研制岁月[EB/OL]. (2020-04-24) [2024-12-18]. 中国空间技术研究院. https://www.cmse.gov.cn/xwzx/zhxw/202004/t20200422_45637.html.

拓展阅读

[1] 陶纯,陈怀国. 国家命运：中国"两弹一星"的秘密历程[M]. 上海：上海文艺出版社,2011.

[2] 石磊,王春河,张宏显,陈中青,等. 剑指苍穹：钱学森的航天传奇[M]. 上海：上海交通大学出版社,2024.

《十二年科技发展规划》
——系统思维的国家实践

摘要：《十二年科技发展规划》作为国家层面制定的科技发展长期规划，系统勾勒了我国科研体系的战略框架，秉持"重点发展，迎头赶上"的指导原则，围绕经济现代化、国防建设与基础科研等13个战略维度，系统规划57项核心科技攻关项目，细化616个关键技术课题，并确立12项战略突破方向，为我国科技建设构建了系统的理论支撑体系。该规划在制定过程中把培养科技人才放在重要位置，强调要依靠自己的力量进行科技创新，广泛征求了科技专家、学者以及各行各业人士的意见和建议，集中了群众的智慧。作为中国制定的发展科学技术的第一个远景规划，它标志着中国科技事业走上大规模有规划的发展道路。

关键词：十二年科技发展规划；发展观；系统思维

案例描述

1956年,党中央发布"向科学进军"的战略部署,全国形成了学科学、用科学的实践热潮。这一举措开创了新中国科技振兴的先河,成为当代科技发展进程的关键转折点。1956年举行的全国知识分子工作会议具有重要的历史价值,这次会议既是国家科技战略的启动令,又是党关于知识分子政策的纲领性文件,极大激发了科研工作者的创新动能。同年确立的"双百"方针旨在推动科技与文化协同发展,毛泽东明确该方针的战略价值在于激发学术创新活力,保障社会主义文化生态的繁荣发展。

毛泽东在国务会议上强调,要在几十年内奋力改变我们的贫穷面貌,努力实现国家科技经济现代化目标,跻身国际先进行列。周恩来在政协会议上阐释十二年科技规划的顶层设计,确立"引进尖端技术、填补关键空白、对标国际标准"的追赶战略,要求聚焦重点领域构建自主创新体系,力争第三个五年计划期间实现核心领域技术突破。这是第一个国家级科技发展规划,标志着我国科研体系迈入系统化、规模化发展阶段。

1956年1月31日,中央政府组织专项会议,启动《十二年科技发展规划》编制工作,中科院、部委机构及高校的科研管理者和技术专家共同参与。会议由周恩来总理牵头,陈毅副总理与李富春副总理协同指挥,明确由计委主导跨部门规划制定,并成立以范长江为组长的十人专项小组,成员涵盖张劲夫、刘杰、周光春等跨领域专家。在国家科学规划委员会统筹下,依托中科院数理化学部、生物地学部等核心部门,组织全国400余位科研骨干参与编制,并邀请近20位苏联专家提供专业咨询。至1956年8月底,《十二年科技发展规划》(修正草案)正式成型,系统梳理出13个重点领域的57项战略科技任务,细分616个攻关课题,并确立12项核心攻关工程。该规划重点布局包括:前沿技术领域突破(核物理研究、航空航天技术研发);系统开展自然资源普查与重点区域开发研究;配套实施能源基建关键项目(大型电站及特高压输电体系研究、水利枢纽工程攻关);推进中医药理论现代化研究等基础医学项目,构建起覆盖国防安全、基础科学、民生保障的立体化科研体系。

《十二年科学规划》在"重点发展，迎头赶上"的方针指引下，系统擘画了国家科技体系的发展路径。在57项基础科研任务框架下，战略聚焦十二大核心攻关领域，其中核能技术民用化研究与航空航天动力技术位列战略优先级前两位。前者实质指向核武器研发工程，后者涵盖飞行器与火箭技术。该规划同步布局新型电子信息技术、工业自动化与精密仪器研发、油气资源勘探技术等战略方向。该规划为突破关键领域技术壁垒，特别制定六大前沿技术攻关计划（计算机系统、半导体工艺、智能控制、无线通信、核工程及推进器技术），配套实施同位素应用工程、科技情报网络建设、国家计量标准体系构建三大基础工程。该规划明确将核武器与弹道导弹技术列为国防科技"双核心工程"，标志着我国战略威慑力量建设进入实质性阶段。这部国家级科技战略纲要首次构建了系统性科研布局框架，奠定了重点领域技术突破的实践基础。

案例分析

《十二年科技发展规划》基于建国初期的实际发展条件，深入贯彻党中央的科技战略部署与社会主义建设需求，科学统筹短期需求与长期目标、理论研究与实践应用的辩证关系。当时国内科研体系与国际发展水平存在显著差距，但国家工业化进程亟需科技创新，该规划通过差异化布局实现了战略资源的最优配置。该规划在确定发展目标时，既不盲目冒进，也不保守退缩，而是根据我国现有的科技人才、资源和工业基础等条件，实事求是地提出了在原子能、电子学、半导体、自动化、计算机技术等重点领域进行突破的目标。原子能领域上，虽然我国当时相关技术和人才匮乏，但考虑到国际形势和国家战略需求，以及国内已经有一些基础研究的积累，该规划将原子能列为重点发展领域，为后续的核工业发展奠定了基础。

《十二年科技发展规划》并非只关注个别领域，而是对基础研究、应用研究和技术开发进行了全面布局，对我国科学研究和国民经济各部门技术水平的提高起到了重要指导和促进作用。在基础研究层面，重视数理化等学科的发展，为科技进步提供理论支撑；在应用研究层面，紧密结合国家经济建设和国防建设的需求，在农业、工业、水利等领域开展科技攻关，提高生产效率和产品质量；规划中既安排了对传统产业的技术改造项目，又部署了新兴技术领域的研究开发，积极推动新技术的引进和消化吸收，同时鼓励自主创新，提高我国的技术水平，使科技发展与经济社会发展各方面相互促进、协调发展。尽管当时我国在科技方面面临诸多困难，国际上也存在技术封锁，但《十二年科技发展规划》还是明确提出要在一些关键领域实现自主创新，突破国外技术垄断。在此规划的指导下，我国科技工作者通过不懈努力，在一些重大领域取得了显著成果。

《十二年科技发展规划》把培养科技人才放在重要位置。一方面，为多层次、多方面培养科技人才，不断加大教育投入，大力发展职业教育和高等教育；另一方面，为吸引海外人才回国提供充足的制度保障，包括工资收入、住房等福利性政策，极大提高了海外人才回国的积极性。同时，该规划还注重在科研实践中培养人才，让年轻科技人员参与到重点科研项目中，在实践中锻炼成长，为我国科技事业发展的建设中坚力量。

在制定该规划过程中，广泛征求了科技专家、学者以及各行各业人士的意见和建议，集中了群众的智慧，在实施阶段成功激发科研人员、产业工人与农业生产者的创新性，构建了一个全民参与的协同创新氛围。该规划系统整合社会主义建设对科技创新的多维需求，通过前瞻研判国际前沿趋势、科学评估国内技术储备现状，为构建可持续的科技发展战略框架奠定了基础。这一实践首次实现国家主导的顶层设计与阶段目标相衔接的科研管理体系，标志着我国科技发展模式由分散探索转向系统化推进。

《十二年科技发展规划》为新中国的科学技术发展作出了巨大贡献并产生了深远影响，这是当年规划制定的领导人和参与者以及国内外研究者比较一致的看法①,也是毛泽东发展观在科技领域的生动实践,是从中国的实际出发,全面协调地推动科技发展,重视人才培养,坚持独立自主创新,依靠群众力量的科学规划,为我国科技事业的发展奠定了坚实基础,有力地推动了我国科学技术的进步发展。

参考文献

[1]中华人民共和国科学技术部.中国科技发展70年[M].北京:科学技术文献出版社,2019.

[2]杨文利,张蒙.新中国第一个科技发展规划的制定、实施及历史经验[J].中共党史研究,2007,(06):42-49.

[3]李洪."十二年科技发展规划"的历史回顾[J].求实,1991,(04):20-21.

拓展阅读

[1]樊春良.新中国70年科技规划的创立与发展——不同时期科技规划的比较[J].科技导报,2019,37(18):31-42.

[2]张志强.科技强国科技发展战略与规划研究[M].北京:科学出版社,2020.

---

① 杨文利,张蒙.新中国第一个科技发展规划的制定、实施及历史经验[J].中共党史研究,2007,(06):42-49.

"863" 计划
——前沿技术的战略辩证法

摘要：20世纪70年代起，以信息技术等为代表的高技术迅猛发展，美国提出了"星球大战"计划，各国也纷纷出台相关计划抢占科技制高点。面对国际竞争，中国在推进改革开放、科技需求迫切的背景下，于1986年3月实施了国家高技术研究发展计划，简称"863"计划。该计划目标是跟踪国际水平，培养科技人才，推动我国在部分高技术领域进行科技研究和创新。"863"计划注重自主创新，促进跨学科协同，提升了我国高技术研究水平，缩小与国际差距，在多领域取得显著成果，增强了我国的科技实力、国防实力和国际影响力，推动了我国科技事业的发展。

关键词：国家高技术研究发展计划；"863"计划；科技创新

> **案例描述**

作为国家战略科技发展计划的重要组成部分，"863"计划是在全球技术革命浪潮与地缘科技博弈交织背景下形成的高水平设计。

20世纪70年代以来，以信息技术、生物技术、新材料技术、航天技术、新能源技术等为代表的世界高技术迅猛发展，深刻重构了全球生产力布局。此次技术跃迁不仅显著提升了社会生产效率，更引发了全球治理体系、军事战略格局与文化传播模式的变革。前沿科技的突破性发展，既是区域经济跨越式增长的催化剂，也是重塑国际力量对比的核心变量，直接推动着世界权力结构的动态调整。

1983年3月，美国政府推出"战略防御倡议"，也称"星球大战"计划，实质是通过技术联盟整合全球创新资源以强化其霸权地位。而后各国纷纷出台回应计划，作为战略回应，西欧启动"尤里卡"计划，日本颁布"科学振兴基本国策"，苏联阵营实施"科技进步综合纲领"，印度发布"新技术政策声明"，韩国制定"国家长远发展构想"。这种全球性的技术竞赛态势，客观上形成了科技制高点争夺的战略压力，迫使我国必须构建自主可控的技术创新体系，以提高国家的综合国力和国际竞争力。

随着中国改革开放进程的深化，我国产业结构升级对科技赋能的依赖度显著提升。当时，中国的科技水平与世界先进水平相比还存在较大差距，新兴产业需要培育和发展。在传统制造业亟待技术革新、战略新兴产业处于培育阶段的特定历史时期，系统推进高新技术研发具有双重战略价值——发展高技术及其产业，不仅可以推动中国传统产业的技术进步和结构调整，提升传统产业效能，提高生产效率和产品质量，还可以通过技术改造培育新的经济增长点，促进经济的可持续发展。同时，尖端技术的突破直接关系到国防现代化进程与国家安全保障能力，高技术的发展也有助于提高中国的国防实力。邓小平明确指出："世界上许多国家都在制定实施高技术发展规划，下个世纪将是高科技的世纪。任何时候，中国都必须发展自己的高科技，在世界高科技领域占有一席之地。"①

从1984年起，国家就组织相关人员开始研究"星球大战"计划，大家普遍认识到，这个计划里面涉及诸多尖端科学技术，除了军事目的外，还有其深远的政治目的。美国企图通过这个计划，大力增强自身综合国力，发展尖端技术，妄图抢占21世纪战略制高点。鉴于我国当前的发展现状，虽不能全面发展高新技术，但在一些高技术领域已经具备了一定的研究基础和人才储备，有能力在这些领域开展深入研究和创新。

作为我国战略科技发展史上的里程碑事件，"863"计划肇始于冷战后期全球技术竞争加剧的历史背景之下。1986年3月，王大珩、王淦昌、杨嘉墀、陈芳允四位资深科学家联名提交《关于跟踪研究外国战略性高技术发展的建议》，该建议书经邓小平同志审阅后获得重要批示，明确回复这个建议十分重要，并要求国务院组建专项工作组进行论证，尽快形成可实施方案。根据中央领导批示，1986年4月—9月国务院组建跨领域专家组开展系统性的调查和论证，最终形成《高技术研究发展计划纲要》，而后经中央政治局扩大会议审议通过。该规划确立有限目标重点突破的战略路径，聚焦影响国家综合竞争力的关键技术领域，强调技术储备的先导性与产业带动效应，并遵循军民结合、以民为主的原则，构建起具有中国特色的技术赶超体系。因规划制定与批示均发生于1986年3月，故命名为"863"计划。

根据中共中央、国务院批准并转发的《高技术研究发展计划纲要》，该计划确立了用15年的时间达到下列5个维度的战略目标：其一是在选定领域实现技术追赶，形成局部领先优势；其二是构建高水平科技创新人才梯队；其三是通过技术扩散效应牵引关联领域进步；其四是为国防现代化奠定技术基础；其五是通过建立技术转化机制促进产业升级，发挥经济效益。这些目标构成完整的科技创新生态体系，旨在为21世纪国家发展储备战略科技力量。

作为改革开放后首个以国家利益为目标的战略科技发展计划，

---

① 邓小平文选(第三卷)[M].北京：人民出版社,1993:279.

"863"计划的实施重构了我国技术研发形式。该工程不仅完成了重点领域的技术布局,更形成了适应中国国情和发展需求的科技治理体系。成功培育出具有国际竞争力的科研团队,使我国在信息技术、生物工程等关键领域实现从技术引进到自主创新的历史性跨越,显著提升了国家战略科技实力。

案例分析

作为国家战略科技工程的典范,"863"计划自1986年启动以来,系统规划了我国前沿技术发展的战略路径。至2000年首期计划收官之际,国务院在第八次国家科技教育领导小组会议上明确要求延续实施该计划,强调其作为国家创新体系核心载体的长期价值。在计划推进过程中,研发体系架构持续优化,1996年海洋高技术被列入"863"计划的第八个领域。在这一阶段,一些项目取得了显著的成果,部分技术开始实现产业化应用。在信息技术领域,我国在高性能计算机、通信网络等方面取得了重要突破,国产高性能计算机的运算速度不断提升,为国家的信息化建设提供了有力支撑。进入21世纪,"863"计划更加注重自主创新能力的提升和科技成果的转化应用。自主创新是科学技术发展的重要动力,在原有领域的基础上,进一步拓展了研究的深度和广度,加强了对前沿交叉领域的研究布局。同时,积极推动与其他科技计划的衔接和整合,形成了更加完善的国家科技研发体系。在新能源领域,加大了对太阳能、风能、核能等可再生能源和清洁能源技术的研发投入,一些成果已经在实际应用中取得了良好的经济效益和环境效益。该计划发展历程跨越了邓小平、江泽民、胡锦涛三位国家领导人时期,也是这个时期坚持创新发展的科学指导计划。"863"计划是改革开放以来我国推出的一个以国家利益为目标的高技术发展计划,担负全局性、中长期、重大的战略任务,带动我国高技术研究领域实现由点到面、由跟踪到创新发展的跨越。[1]

---

[1] 陈蓉."863"计划倡导者:助推我国高技术进入新阶段[J].党建,2022,(05):67.

高技术的发展具有创新性强、带动性大、渗透性广等特点，能够促进多个学科和领域的交叉融合，推动科技的整体进步。"863"计划紧密围绕国家战略需求，瞄准世界高技术发展的前沿，选择对国家未来发展具有重大影响的领域进行重点突破。其目标是提升国家的综合国力和国际竞争力。计划关注未来科技发展的趋势，提前布局一些具有潜在重大应用价值的前沿技术。通过对生物技术、信息技术等领域的研究，为我国未来的产业升级和经济转型提供了技术储备。强调自主创新，鼓励科研人员勇于突破传统思维的束缚，开展原始创新和集成创新。在实施过程中，培养和造就了一大批具有创新能力的科技人才，取得了众多具有自主知识产权的创新成果。这些人才在"863"计划的实施过程中得到了锻炼和成长，成为我国科技事业发展的中坚力量。同时，也为我国培养了一批具有国际视野和创新能力的青年科技人才，为科技事业的可持续发展提供了人才保障。"863"计划涉及多个领域和学科，注重跨学科、跨领域的协同创新。通过组织不同领域的科研团队开展联合攻关，实现了资源的优化配置和技术的优势互补。

"863"计划的实施，显著提升了我国的高技术研究水平，缩小了与世界先进水平的差距。在航天技术、超级计算机技术领域，我国已经达到或接近国际领先水平。这为我国科技事业的进一步发展奠定了坚实基础，增强了我国的科技实力和创新能力，极大地推动了高技术产业的发展。在国防科技领域上，提高了我国的国防实力，增强了国家安全保障能力。航天技术、信息技术等在军事领域的应用，提升了我国的军事装备水平和信息化作战能力，促进了我国与世界各国在高技术领域的合作与交流，提高了我国的国际影响力。通过参与国际科技合作项目，我国科研人员能够学习和借鉴国外先进技术和经验，同时也将我国的科技成果推向世界，提升了我国的科技地位。

"863"计划作为我国科技发展的重要战略举措，在过去几十年中取得了丰硕的成果，对我国的科技、经济、国防等方面产生了深远的影响，推动了我国科技事业的发展。

参考文献

[1] 中华人民共和国科学技术部.中国科技发展70年[M].北京:科学技术文献出版社,2019.

[2] 邓小平文选(第三卷)[M].北京:人民出版社,1993.

[3] 陈蓉."863"计划倡导者:助推我国高技术进入新阶段[J].党建,2022,(05):67.

[4] 国家科技评估中心."十五"863计划评估报告[Z].2007.

拓展阅读

[1] 国家高技术研究发展计划〈十一五863计划〉先进能源技术领域专家组.中国先进能源技术发展概论[M].中国石化出版社,2010.

[2] 苏熹.863计划的制定与实施[M].北京:北京出版集团,北京人民出版社,2024.

[3] 樊春良.新中国70年科技规划的创立与发展:不同时期科技规划的比较[J].科技导报,2019,37(18):31-42.

[4] 张志强.科技强国科技发展战略与规划研究[M].北京:科学出版社,2020.

国家科学技术奖
——创新驱动的荣誉辩证法

摘要： 国家科学技术奖是我国科技领域的顶级荣誉，充分彰显了党和政府对重点科技领域及民生科技工作者的关怀。这一奖励体系的历史可追溯至1949年《中国人民政治协商会议共同纲领》的相关规定，经过1999年的重大调整后确立为现有模式。该奖项共设五个类别：国家最高科学技术奖主要表彰关键科技领域的杰出贡献者；国家自然科学奖侧重奖励基础理论研究突破；国家技术发明奖着重鼓励技术创新与成果转化；国家科学技术进步奖重点嘉奖集体科研成就；国际科学技术合作奖则促进跨国科技交流合作，完整展现了我国崇尚科学、激励创新的价值导向。

关键词： 国家科学技术奖；科技人才；科技创新

案例描述

国家科学技术奖是我国为表彰在科技领域作出重大贡献的个人和团体而设立的重要奖项，旨在激发科研人员的创新热情，推动创新型国家建设和全球科技竞争力提升。该奖项依据《科学技术进步法》设立，由国务院科技主管部门负责制定评审规则并组织实施年度评选工作。

该奖项设置包括五个类别：国家最高科学技术奖、国家自然科学奖、国家技术发明奖、国家科学技术进步奖以及国际科学技术合作奖。其中，最高科学技术奖和国际科学技术合作奖为特等奖项，前者由国家主席签署并颁发荣誉证书及奖金，后者由国务院授予证书，均不设等级。其余三项奖项由国务院颁发证书和奖金，并设有一等奖和二等奖两个级别。

科技奖励制度是党和国家激励自主创新、激发人才活力、营造良好创新环境的一项重要举措，对于促进科技支撑引领经济社会发展、加快建设创新型国家和世界科技强国具有重要意义。

1949年9月，首届中国人民政治协商会议通过的《中国人民政治协商会议共同纲领》中首次提出"奖励科学的发现和发明，普及科学知识"，这标志着我国科技奖励体系的重要开端。建国初期，在党的领导下，科技奖励政策紧密围绕国家建设需求，逐步形成了涵盖技术创新和基础理论研究的双轨制奖励机制。[1] 1978年全国科技大会的召开具有里程碑意义，大会对7657项科技成果、820个先进集体和1184名先进个人进行了表彰，宣告科技奖励体系正式重启。同年12月，《中华人民共和国发明奖励条例》颁布实施，国家技术发明奖于次年启动评选。1980年成立的国家科委自然科学奖励委员会制定了《自然科学奖励委员会暂行章程》，国家自然科学奖于1982年首次颁发。1984年出台的《中华人民共和国科学技术进步奖励条例》明确了国家级科技进步奖的评审标准、奖励范围及奖金设置，并将该奖项划分为国家级和省部级两个层

---

[1] 王慧斌.新中国科学技术奖励制度的初步建立(1949—1966年)[J].当代中国史研究，2023,30(03):121-134+154.

级，1985年正式启动评选工作。1987年经国务院批准，在国家科技进步奖框架内增设"国家星火奖"，专门表彰推动农村经济和乡镇企业科技发展的创新成果。

1995年12月，国家科委颁布《国家科学技术奖励评审委员会章程》，对国家科技奖励评审体系进行改革，将原先分设的自然科学奖、技术发明奖和科技进步奖合并组建统一的评审委员会，并建立"两级三审"的评审机制。其中，"两级"指国家科学技术奖励评审委员会和学科（专业）评审委员会，"三审"则包括初步审查、专业复审和最终审定三个环节。此次改革确立了以自然科学奖、技术发明奖、科技进步奖和国际科技合作奖为主体的奖励体系，为现行科技奖励制度构建了基本框架。

1999年，我国科技奖励体系迎来重大调整。国务院发布《国家科学技术奖励条例》，对奖项设置、奖励标准、评审机制等方面进行全面改革，同时强化对地方及社会科技奖励活动的规范管理。新条例明确设立五大国家级科技奖项，旨在通过奖励机制更好地促进科技创新、推动高新技术发展和科技成果转化。

截止2025年5月，国家最高科学技术奖共有37位获得者，其中36人为中国科学院或中国工程院院士，仅屠呦呦一位女性且为非院士。[①] 涉及领域有数学、物理、医学、农业、航天等，近年逐渐向人工智能、交叉学科延伸。获奖成果多涉及国计民生，如袁隆平的杂交水稻、屠呦呦的青蒿素、刘永坦的海防雷达等，获奖者们为中国科技、经济及国防建设做出了不懈努力和无私奉献。

案例分析

国家科学技术奖作为我国科技界的最高荣誉之一，深刻体现了我国科学合理、积极向上的人才观。科学技术人才作为知识的研发者、传播者、使用者，是推动科学技术发展的关键因素，已经

---

① 一图速览历届国家最高科学技术奖获奖人展[EB/OL].（2024-06-24）[2024-12-18]. 新华网. http://www.news.cn/science/20240624/1bebb4c20507491096e61b67213d3c03/c.html.

成为生产力发展的核心要素。①

国家最高科学技术奖是我国授予在科技前沿实现重大突破、在科技发展中作出杰出贡献或在科技创新与成果转化中产生显著经济社会效益的科技工作者的最高荣誉。以首届获奖者袁隆平院士为例，他通过杂交水稻技术的突破性研究，不仅保障了我国粮食安全，更为世界农业发展作出了突出贡献。这一奖项的设立充分反映了国家对关键科技领域重大成果及其社会价值的重视，既是对杰出科技人才的崇高礼遇，也为广大科研工作者树立了学习典范。该奖项以创新为核心价值导向，不仅是对科学家既往成就的肯定，更成为激励科研人员持续创新的重要动力，在我国科技创新人才培养体系中具有不可替代的引领作用。②

国家自然科学奖旨在表彰在基础科学和应用基础研究领域取得重大突破、揭示自然规律与本质特征的科研工作者。该奖项通过激励科学家开展前沿探索性研究，着力培育创新能力，为提升我国基础科研水平提供制度保障。获奖成果需具备显著的原创性和科学价值，能够推动相关学科发展或开辟新的研究方向。屠呦呦因发现青蒿素这一原创性成果获得国家自然科学奖，她的研究不仅为疟疾防治提供了新的有效手段，也为中医药现代化开辟了新路径。该奖项体现了对创新型人才的培育，强调了创新在科学研究中的核心地位，引导科研人员不断突破传统思维，追求科学真理。

国家技术发明奖授予运用科学技术知识做出产品、工艺、材料及其系统等重大技术发明的公民。它聚焦于那些能够将科学知识转化为实际技术成果，推动技术进步和产业升级的人才。如王泽山院士长期致力于火炸药研究，发明了一系列先进的火炸药技术，大幅提升了我国武器装备的性能。这一奖项体现了对技术发明人才的重视，鼓励科研人员将理论研究与实际应用相结合，注重技术创新和发明创造，为国家的技术实力提升贡献力量。

---

① 殷杰,郭贵春.自然辩证法概论(修订版)[M].北京:高等教育出版社,2020:302.
② 危怀安,杜锦.我国科技创新人才的发展思路研究:基于33位国家最高科学技术奖得主[J].中国高校科技,2021,(09):14-18.

国家科学技术进步奖主要表彰在科技成果转化应用、重大科技项目实施等方面作出重要贡献的个人和集体。这类奖项特别强调协同创新价值，因为许多重大科技突破往往需要跨学科、多团队的联合攻关。比如以"中国天眼"（FAST）项目为例，其成功建设就汇聚了天文学、机械工程、电子信息等多个领域的专家智慧。该奖项的设置彰显了我国对科研团队协作的高度重视，旨在促进不同学科间的交叉融合，形成优势互补的科研创新体系。

国际科学技术合作奖专门授予为中国科技发展作出突出贡献的国际人士或机构。这一奖项充分展现了我国科技发展的开放态度，通过建立国际合作平台，吸引全球顶尖科技人才参与中国科技创新。这种国际合作不仅有助于引进国外先进技术和管理模式，更能提升我国在国际科技舞台上的话语权和影响力，实现互利共赢的科技发展格局。

近年国家科学技术奖评审方也越来越关注青年科技人才的成长和发展。许多奖项设置了青年项目或者对青年人才给予一定的倾斜，鼓励青年科研人员积极参与科研创新。这一举措彰显了国家对青年科研工作者的重点培养与支持，通过搭建专业发展平台，有效调动青年人才的科研积极性和创造力。该政策不仅有助于发掘和培养具有国际竞争力的科技领军人物、战略型科研骨干及优秀青年学者，更能促进高水平科研团队的构建，从而为我国科技创新能力的持续提升奠定坚实的人才基础。

国家科学技术奖从多个方面全面体现了我国尊重知识、尊重人才、鼓励创新、注重协作、开放包容的人才观。通过对不同类型科技人才的奖励和认可，激励着广大科技工作者积极投身科技创新，为实现我国科技自立自强、建设科技强国的目标而不懈奋斗。同时，也为营造良好的科技创新生态，吸引和培育更多优秀科技人才发挥了重要的引领和推动作用。

参考文献

[1] 国家科学技术奖简介[J]. 中国人才, 2011, (15):68-69.

[2] 王慧斌. 新中国科学技术奖励制度的初步建立(1949-1966年)[J]. 当代

中国史研究,2023,30(03):121-134+154.

[3]危怀安,杜锦.我国科技创新人才的发展思路研究:基于33位国家最高科学技术奖得主[J].中国高校科技,2021,(09):14-18.

拓展阅读

[1]柏坤.国家最高科学技术奖高度褒扬科学精神[J].科技导报,2019,37(9):57-61.

[2]李婧铢,董贵成.论国家最高科学技术奖获奖者的科学精神[J].科学技术哲学研究,2022,39(02):110-115.

新能源汽车
——能源革命的东方路径

摘要：新能源汽车产业高度契合了绿色发展、创新发展、开放发展的要求，促进了产业之间的协同共进，其设计和研发都充分体现了以人为本的发展理念。中国新能源汽车从2001年启动发展，通过引进技术和自主研发推进产业发展；2009年起政策引导与市场培育双向发力；2013年政府补贴额度进一步提高，大力刺激市场需求；2018年调整了补贴政策，逐步减少补贴额度，并将其转向对新能源汽车基础设施建设和研发创新的支持上；2019年至今，政府通过减免车辆购置税、完善城乡配套基础设施，强化质量安全保障等举措，促进了产业的转型升级和提质增效。

关键词：新能源汽车；汽车产业；发展观

> **案例描述**

新能源汽车作为当前汽车行业发展的重要趋势，具备优越的环保性能、高效的能源利用、政策支持力度大等显著优势，新能源汽车的发展涉及多个领域的技术创新和产业升级，为经济增长注入活力。2011—2018年，中国新能源汽车的年产量从不足5000辆发展到127万辆，保有量从1万辆提升到261万辆，均占全球的53%以上，处于领先地位。[①] 2025年1—3月，新能源汽车产销分别完成318.2万辆和307.5万辆，同比分别增长50.4%和47.1%。[②] 可见，新能源汽车市场稳中向好、蓬勃发展的良好态势不仅仅来源于市场的需求，更得益于政府制定的一系列战略性政策。

面对环境污染加剧、能源安全问题突出的形势，我国政府开始意识到发展新能源汽车的重要意义，并决定开始发展新能源汽车。2001年，中国将新能源汽车项目列入国家"十五"期间的"863"计划，标志着新能源汽车发展战略的正式启动。这个阶段，中国通过引进国外先进技术，如丰田普锐斯等混合动力车型，开展消化吸收再创新。同时，国内企业如比亚迪等也开始自主研发新能源汽车技术，尤其是在电池技术方面取得突破，为后续发展奠定基础。这是新能源汽车发展的初步探索阶段。

2009年，中国政府推出"十城千辆"工程，旨在通过财政补贴等方式，在北京、上海等大城市推广万辆新能源汽车。同年，国务院发布《汽车产业调整和振兴规划》，明确将新能源汽车作为重点支持领域。中国开始构建新能源汽车相关标准体系，包括车辆性能、充电设施、电池回收等方面的标准，为产业规范化发展提供支撑。这个阶段主要是政策引导和市场培育双向发力，助力新能源汽车产业发展。

2013年起，中国政府实施新一轮新能源汽车补贴政策，补贴

---

① 中华人民共和国科学技术部.中国科技发展70年[M].北京:科学技术文献出版社,2019：354.
② 2025年3月新能源汽车产销情况简析[EB/OL].(2025-04-18)[2025-05-16].中国汽车工业协会.http://www.caam.org.cn/chn/4/cate_32/con_5236693.html.

额度大幅提高，覆盖范围更广，进一步刺激市场需求。同时，开始实施新能源汽车积分制度，通过市场机制推动传统车企转型。电池、电机、电控等核心零部件国产化率提升，充电桩等基础设施建设加快，形成较为完整的产业链，不断增长的销量使我国一跃成为全球最大的新能源汽车市场。

2018年，政府对补贴政策进行了调整，逐步减少补贴额度，并将其转向对新能源汽车基础设施建设和研发创新的支持上。这一政策的调整对新能源汽车市场产生了一定影响，但促进了行业的健康发展。随着市场逐渐完善，政府提出了更高的发展目标，并相继出台了一系列政策和措施以引导新能源汽车行业的发展。这些政策包括提高新能源汽车的技术标准、推动智能化和网联化技术的应用等。

2024年，工业和信息化部办公厅、国家发展改革委办公厅等相关部门颁布了《关于开展2024年新能源汽车下乡活动的通知》，通过展览、试乘试驾、充换电服务以及维保和售后服务等，为消费者选购新能源汽车提供了多样的选择，丰富了购物体验，落实了汽车以旧换新，县域充换电设施补短板等支持政策，让消费者切实感受到优惠。近年来，政府对购置新能源汽车免征或减免车辆购置税，完善配套城乡基础设施体系，推动绿色发展赋能乡村振兴等一系列举措既推动了产业转型升级、提质增效，也提高了人民群众的幸福感。

一方面，政府对新能源汽车的补贴为企业提供了额外的资金支持，使企业能够将更多资源投入到绿色技术研发中，降低研发成本。在电池技术、驱动系统技术和整车设计等关键领域，企业有了补贴的支持，就可以加大研发投入，吸引优秀的科研人才，购置先进的研发设备，开展前沿技术研究，从而推动技术不断突破。政府补贴政策通常会根据技术发展趋势和产业需求，设定不同的补贴标准和重点支持领域，为企业指明绿色技术创新的方向。政策优先支持高能效、低能耗车型的开发，鼓励发展燃料电池汽车，对高能量密度、长续航里程、低能耗的新能源汽车给予更高的补贴额度，引导企业朝着这些方向进行技术研发和产品升级，加速相关绿色技术的进步。为了更好地利用各方优势资源，加快绿色技术创新，补贴政策还鼓励企业与科研机构、高校开展产学研合作。通过合作，企业可以借助科研机构和高校的科研力量，攻克一些关键技术难题；科研机构和高校也能将研究成果更好地转化为实际生产力，实现各方的互利共赢，共同推动新能源汽车绿色技术的创新发展。

另一方面，购车补贴措施有效缩减了消费者的购车支出，显著提升了新能源车型的市场吸引力，从而驱动整个产业进入快速发展通道。这种规模化增长不仅激活了动力电池生产、配套充电网络铺设、智能驾驶技术开发等关联产业协同发展，更催生出多个新兴就业领域及可观的经济收益。政策引导消费者优先选择新能源车型，实质加快了清洁能源车辆对传统内燃机车型的迭代进程，促使能源使用模式向低碳方向调整，有效降低传统能源依存度，最终达成运输系统碳排放总量控制与能源效率提升的双重目标。在补贴政策的引导下，企业不断加大绿色技术创新投入，提高产品的技术水平和性能质量，这不仅有助于企业在新能源汽车市场中获得竞争优势，还能促使企业逐步形成可持续的发展模式。随着技术的进步和产业规模的扩大，新能源汽车的生产成本逐渐降低，市场竞争力不断增强，产业发展也逐渐从依赖补贴向依靠市场自身力量转变，实现了经济发展与生态保护的良性互动和协调发展。

案例分析

新能源汽车产业的发展充分体现了新发展理念的要求，高度重视创新，将其视为发展的核心动力。在技术研发上，企业不断投入资源攻克电池技术、驱动系统、智能网联等关键领域的难题。如比亚迪研发的刀片电池，通过创新的结构设计，提高了电池的安全性和能量密度；特斯拉在电动汽车的自动驾驶技术方面持续创新，推动了行业的技术进步。这些技术进步不仅推动了新能源汽车产业链的升级更新，还进一步增强了企业的竞争力。

新能源汽车以减少对传统化石能源的依赖、降低碳排放为目标，契合了绿色发展的要求。新能源车辆依托电能、氢燃料等可再生能源驱动,与传统汽油车相比,其使用阶段基本实现有害气体零排放或排放量锐减,这对优化大气环境质量与应对气候变迁挑战做出了显著贡献。同时,汽车在制造过程同步强化环境友好性理念与资源的循环利用。现阶段部分领先企业实施清洁制造工艺,有效削减制造阶段的能源损耗与污染排放;通过建立动力电池梯次利用机制,延长材料生命周期并显著降低环境负荷,提高资源的利用率。科学技术发展的最终目的在于解决"如何让人更好地生活"这个古老的哲学命题,因此,科学技术发展既要注重与自然的和谐,更要关注与人的和谐。[1]

新能源汽车产业的发展促进了多个产业之间的协调共进。一方面,它与能源产业紧密相连,推动了电力、氢能等能源的生产、储存和分配技术的发展。充电桩等基础设施建设的快速发展,带动了电力行业的升级和智能电网的建设;氢能汽车的发展也促使了制氢、储氢和加氢等相关产业的兴起。另一方面,新能源汽车产业与电子信息产业相互融合,智能网联技术、自动驾驶技术的发展依赖于电子信息产业的支持,同时也为电子信息产业开辟了新的市场空间。这种产业间的协调发展,有助于形成完整的产业链条,提升产业的整体竞争力。

新能源汽车产业的发展始终围绕着满足人们的出行需求和提升生活品质展开,体现了以人为本的理念。在产品设计上,更加注重用户体验,提高汽车的舒适性、安全性和智能化水平。许多新能源汽车配备了先进的驾驶辅助系统、智能互联系统,为用户提供更加便捷、舒适的驾驶体验;同时,新能源汽车的静音效果更好,减少了噪音污染,提升了乘坐的舒适性。此外,新能源汽车的发展还为人们提供了更多的就业机会,从汽车制造到售后服务,再到相关技术研发和基础设施建设,带动了大量的就业岗位,促进了社会的稳定和发展。

新能源汽车产业具有全球性的特点,各国企业之间广泛开展合作与交流,体现了开放发展的理念。通过国际合作,企业可以共享技术、资源和市场,加速产业的发展。部分国内新能源车企与

---

[1] 殷杰,郭贵春.自然辩证法概论(修订版)[M].北京:高等教育出版社,2020:311.

全球顶级零部件制造商建立战略协作关系，导入尖端技术与管理体系；同步推进国际业务拓展，通过技术输出与产品全球化布局实现产业辐射效应。这种双向赋能的产业协同范式，不仅强化了产业链国际竞争力，更加速了清洁能源交通方案在全球市场的应用渗透。新能源汽车产业作为战略性新兴产业，对经济的高质量发展具有重要的推动作用。我们要以更大力度推动我国新能源高质量发展，为中国式现代化建设提供安全可靠的能源保障，为共建清洁美丽的世界作出更大贡献。①

参考文献

[1]国务院关于印发节能与新能源汽车产业发展规划(2012—2020年)的通知[A/OL].(2012-6-28)[2024-12-23].中国政府网.https://www.gov.cn/gongbao/content/2012/content_2182749.htm.

[2]中华人民共和国科学技术部.中国科技发展70年[M].北京:科学技术文献出版社,2019.

[3]习近平在中共中央政治局第十二次集体学习时强调 大力推动我国新能源高质量发展 为共建清洁美丽世界作出更大贡献献[N].人民日报,2024-03-02(001).

[4]2025年3月新能源汽车产销情况简析[EB/OL](2025-04/18)[2025-05-16].中国汽车工业协会.http://www.caam.org.cn/chn/4/cate_32/con_5236693.html.

拓展阅读

[1]韩岚岚,王慧敏.高质量发展下汽车企业绿色转型的机理和路径——以比亚迪为例[J].财会月刊,2025,46(07):94-100.

[2]田泽,刘姿娴,任阳军.数字经济赋能新能源汽车产业高质量发展的机制研究[J].工业技术经济,2025,44(02):67-77.

---

① 习近平在中共中央政治局第十二次集体学习时强调 大力推动我国新能源高质量发展 为共建清洁美丽世界作出更大贡献献[N].人民日报,2024-03-02(001).

"天河一号"超算
——算力主权的争夺战

摘要：作为我国自主研发的首台千万亿次超级计算机系统，"天河一号"集高效运算、节能环保、安全稳定和操作便捷等优势于一身。为应对国际高性能计算领域的激烈竞争和满足建设创新型国家的战略需求，该项目于2008年启动研制，历时两年于2010年正式投入运行。该系统在航空航天、生物医药等多个关键领域实现连续五年高效运转，累计创造经济效益约100亿元。"天河一号"的研制成功不仅使我国超级计算机技术跻身世界先进行列，更通过全链条自主创新实现了从技术追随者到行业引领者的重大转变，为破解国民经济和科技发展中的关键难题提供了强有力的技术支撑。

关键词："天河一号"；超级计算机；自主创新

> **案例描述**

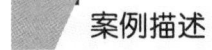

"天河一号"（TH-1）超级计算机系统是我国自主研发的首台突破千万亿次计算能力的超级计算机，其显著特点体现在运算效能、节能环保、系统安全和用户友好四个方面。

在当代科技发展中，高性能计算作为继理论分析和实验研究后的第三种重要科研方法，已成为促进科技创新和经济发展的重要战略技术。作为关键科研设施，超级计算机已广泛应用于能源开发、气象预测、工业生产、生物医药及金融分析等多个领域。为提升国家科技实力，世界主要国家均加大投入研发高性能计算系统。我国于1983年成功研制首台亿次计算机"银河一号"，填补了巨型计算机领域的空白。2007年，美国率先研发出全球首台千万亿次超级计算机，运算速度达到每秒1456万亿次。为应对国际高性能计算领域的激烈竞争，满足建设创新型国家的战略需求，国防科技大学计算机学院的科研团队瞄准国际技术前沿，提前布局关键技术研发，通过持续的技术积累和前瞻性研究，为成功研制我国自主的千万亿次超级计算机系统奠定了坚实基础。

2008年，"天河一号"被列入国家863计划重点科研项目，正式启动研制工作。该项目采取分阶段实施策略：第一阶段（TH-1）于2009年9月完成研制；第二阶段（TH-1A）于次年8月在天津超算中心完成升级。该系统投入运行后，在航天工程、气象预测、气候模拟及海洋环境研究等领域取得突破性应用成果。

2009年9月，一期系统研制告捷；2010年8月，二期升级顺利完成；同年10月29日，我国首台千万亿次超级计算机"天河一号"正式亮相。该系统采用自主研发的"龙"芯处理器，以1206万亿次/秒的峰值运算能力和563.1万亿次/秒的Linpack测试性能，荣登当时中国超算TOP100榜首。这一成就使我国成为全球第二个具备千万亿次超算自主研制能力的国家。其运算能力之强令人惊叹：1秒钟的运算量相当于13亿人持续计算88年，而运行一天的工作量则相当于主流个人电脑连续运算 160 年。①

"天河一号"超级计算机系统由 103 个机柜单元构成，整体重量相当于 19 个载人航天飞船，搭载了 6144 个 CPU 和 5120 个加速处理器，配备高达 98TB 的内存容量，相当于存储四个国家级图书馆的全部藏书。2010 年 11 月，该系统在国际 TOP500 组织发布的全球超算排行榜中荣登榜首。该超级计算机在航空航天、气象预报、海洋环境模拟等关键领域发挥重要作用，特别是在生物医药领域助力我国自主研发创新药物取得突破性进展，在新材料研发方面为 200 多个科研团队提供了纳米材料、储能技术、超导材料等领域的计算模拟支持。

据国家超级计算天津中心于 2019 年 1 月发布的数据显示，自 2014 年起，"天河一号"持续保持满负荷运转状态，每天服务 8000 余个科研计算任务，累计支持国家科技重大专项和研发计划等 1500 余项，累计创造直接经济效益近百亿元人民币。②

"天河一号"的研制成功使我国超级计算机研制能力实现质的飞跃，运算性能从百万亿次跃升至千万亿次量级，标志着我国成为全球第二个具备千万亿次超算研制能力的国家，综合技术水平跻身世界前列。从 1983 年首台巨型机问世到"天河一号"的突破性成就，我国高性能计算机技术持续突破，先后两次荣获国际高性能计算领域最高荣誉——戈登贝尔奖。以"神威太湖之光"和 2017 年完成升级的"天河二号"为代表，我国在超级计算机领域已实现包括核心处理器、互联架构、系统软件和应用开发在内的全链条自主创新，成功实现了从技术追随者到行业引领者的历史性转变。

超级计算机作为全球科技竞争的战略高地，是国家科技实力与综合国力的重要体现。世界主要国家都将超算系统视为科技创新的关键基础设施，持续加大研发投入。我国自主研发的首台千万亿次超级计算机的问世，标志着我国在高性能计算领域取得重大

---

① 赵永新,王伟健,喻菲,等."天河一号"迈上"千万亿次"台阶[N].人民日报,2009-10-30(006).
② 总书记亲切关怀天河超级计算机事业的发展[EB/OL].(2019-1-24)[2024-12-16].国家超级计算天津中心.https://www.nscc-tj.cn/xwxq.php? id=433.

技术突破，这一成果不仅推动了国家和军队信息化建设进程，更为解决国民经济和科技发展中的关键难题提供了强有力的技术支撑，对增强国家综合竞争力具有深远的战略价值。

案例分析

中国超级计算机技术历经四十余年的创新发展，走出了一条技术创新与应用实践紧密结合的特色发展道路。"超级计算机的作用就是来攻城拔寨。"[①] 我国超算事业始终坚持"顶天立地"的发展方向：一方面致力于服务国家重大科研需求，提升创新能力（"顶天"）；另一方面积极推动产业转型升级，助力经济高质量发展（"立地"），实现了科技价值与社会效益的有机统一。

"天河一号"的研制历程，是中国科技从"跟跑"到"领跑"的缩影。首次采用CPU与GPU协同运算的异构架构，将运算效率提升至每秒4700万亿次峰值，引领全球超算技术潮流。这一架构被国际TOP500榜单中近半数超算采用，标志着中国技术标准的全球影响力。配备国防科技大学自主研发的飞腾CPU和麒麟操作系统。飞腾CPU占全部CPU的七分之一，其性能验证了国产芯片的可靠性，为后续"天河二号"等超算的芯片国产化奠定基础。自主研发的通信系统性能达到美国同类产品的两倍，解决了超大规模计算中数万处理器的高效协同难题。这一系列突破打破了西方在高性能计算领域的技术封锁，正如邓小平所言"中国要搞四个现代化，不能没有巨型机"。"天河一号"的诞生，不仅是对"造不如买"思维的颠覆，更是对以我为主、自主创新战略的践行。

"天河一号"体现了军民结合与国际合作的协同创新。国防科技大学与天津滨海新区合作建立国家超算天津中心，将军事技术转化为民用基础设施。天河系列超算在石油勘探、基因测序等领域的应用，推动了军民技术双向转化。加快军民结合的国防科学技术创新系统建设，是应对国际竞争、增强综合国力的客观需要，是建设创新型国家的必然要求，也是符合科学技术发展规律的正

---

① 孟祥飞.我们为什么需要超级计算机[N].新华日报,2017-11-24(017).

确选择①。"天河一号"与美国、奥地利等国的科研机构联合完成洲际量子通信实验,推动全球科研资源共享。与华大基因、中石油等企业合作,将超算能力转化为产业竞争力。中石油利用"天河一号"将地震数据处理时间从30天缩短至16小时,助力国际竞标成功,通过技术输出提升了中国在全球科技治理中的话语权。

"天河一号"的应用实践强调系统性和整体性的思维,其服务领域涵盖"算天、算地、算人"三大维度,构建了多学科交叉的创新网络。通过支撑大型飞机气动模拟、全球气候变化预测及天体演化研究;开发自主石油勘探软件,打破欧美技术垄断,提升雾霾预警网格精度,为环境治理提供科学依据;加速基因测序与新药研发,华大基因借助"天河一号"完成3000株水稻基因组分析,效率提升15倍;军事医学科学院通过分子动力学模拟筛选抗癫痫药物,缩短研发周期。这一系统性应用模式,体现了科学发展观"全面协调可持续"的要求,通过技术集成推动多领域协同进步。

"天河一号"的技术惠及民生福祉,提升人民群众的幸福感和获得感。雾霾预警系统为政府环境决策提供数据支持,提升公众健康保障水平。医疗健康领域支持脑科学研究和个性化医疗,经济上助力企业降本增效,大幅提升经济效益,将高精尖技术转化为普惠性社会服务。

"天河一号"通过自主创新突破技术壁垒,以开放协同整合全球资源,运用系统思维推动多学科融合,立足以人为本服务社会民生,实现可持续发展目标。这一历程不仅彰显了中国科技工作者的智慧与担当,更验证了中国特色社会主义理论体系在科技创新领域的强大生命力。未来,随着"天河三号"等新一代超算的崛起,中国必将在全球科技竞争中书写更多"中国创新"的传奇。

参考文献

[1]张育林,徐一天."天河"一号自主创新的成功实践[J].求是,2010,(04):

---

① 殷杰,郭贵春.自然辩证法概论(修订版)[M].北京:高等教育出版社,2020:323.

51-53.

[2]赵永新,王伟健,喻菲,等."天河一号"迈上"千万亿次"台阶[N].人民日报,2009-10-30(006).

[3]总书记亲切关怀天河超级计算机事业的发展[EB/OL].(2019-1-24)[2024-12-16].国家超级计算天津中心.https://www.nscc-tj.cn/xwxq.php?id=433.

[4]孟祥飞.我们为什么需要超级计算机[N].新华日报,2017-11-24(017).

拓展阅读

[1]孟若冰.逐梦"天河"科技报国记国家超级计算天津中心党组书记孟祥飞[N].天津日报,2022-10-14(007).

[2]王握文,陈明."天河一号"能做什么:访国家超级计算天津中心副主任朱小谦研究员[N].解放军报,2010-11-19(002).

"墨子号"卫星
——量子通信的哲学革命

摘要:"墨子号"作为全球首颗量子科学实验卫星,于2016年从酒泉卫星发射中心成功升空,开创性地实现了星地间量子通信,构建了天地协同的量子保密通信与科研实验网络。这一重大科技成果彰显了我国自主创新的科技实力。该卫星的研制突破了多项国际技术瓶颈,引领了全球空间量子实验研究的新方向,推动了该领域的国际竞争态势。"墨子号"的实践表明,科技创新是自主性与开放性的统一,是科学精神与战略布局的结合,是技术突破与民生需求的联动。它不仅是技术革命的里程碑,更是中国从"追赶者"到"引领者"的转型标志。

关键词:墨子号;量子通信;创新观

案例描述

我国自主研发的墨子号量子科学实验卫星（简称"墨子号"）开创了量子空间实验的先河。2016年8月16日凌晨，该卫星在酒泉卫星发射中心由长征二号丁火箭送入太空，标志着人类首颗专门用于量子科学研究的卫星成功部署。这一重大科技突破使我国率先建立了星地量子通信系统，形成了天地协同的量子保密通信网络。在轨运行首年，"墨子号"就取得了一系列开创性成果：首次实现千公里级星地量子纠缠分发、完成空间尺度量子力学非定域性验证、成功演示星地量子密钥分发和量子隐形传态等关键实验，这些成就均达到国际领先水平。2018年度克利夫兰奖授予了墨子号量子科学实验卫星研发团队。该卫星以中国古代著名思想家、科学家墨子命名，其著作《墨经》中记载的"小孔成像"实验，是人类首次科学论证光的直线传播特性，为现代量子通信研究奠定了早期理论基础。当前，墨子的科学思想正得到广泛关注和认可，其倡导的理性科学精神日益深入人心。将量子卫星命名为"墨子号"，既彰显了中华优秀传统文化的科学价值，也体现了当代中国的文化自信。

量子通信作为信息安全领域的革命性技术，其核心在于利用量子态（如单光子和量子纠缠态）进行信息加密与传输，这项技术被公认为当前最安全的通信手段。我国在通信保密技术领域曾长期处于追赶状态，而量子通信的突破彻底改变了这一局面。该技术凭借其天然的安全优势，不仅能有效保护国家机密信息，还在以下方面发挥关键作用：第一，在民生领域上，保障水电燃气等关键基础设施的通信安全；第二，在商业应用上，为金融交易、商业机密提供高级别防护；第三，在国防安全上，构建军事指挥系统的安全通信网络。量子通信技术的成熟应用将深刻影响产业发展和科技创新格局，其"绝对安全"的特性为构建新一代通信体系提供了可靠解决方案。

我国量子通信卫星项目于2011年底正式启动，作为中科院空间科学战略性先导专项的重要项目。经过5年攻关，2016年初完成系统联调测试，同年8月通过长征二号丁运载火箭在酒泉卫星发射中心成功将全球首颗量子科学实验卫星"墨子号"送入太空。2017年中期,该卫星实现千公里级量子纠缠分发这一重大突破;2020年6月,又率先完成千公里级量子密钥分发实验,标志着我国量子通信技术取得实质性进展。这些成就彰显了中国航天科技的国际领先地位,凝聚了无数科研工作者的智慧与汗水。展望未来,我们更应弘扬特别能吃苦、特别能战斗、特别能攻关、特别能奉献的航天精神,在科技创新的道路上勇攀高峰,为实现中华民族伟大复兴的中国梦贡献科技力量。

"墨子号"的突破性成就引发了全球空间量子物理研究热潮。2017年,美国和欧洲相继发布空间量子技术发展白皮书,显示出国际社会对该领域的高度重视。《科学》杂志刊文指出,这一成果促使美国在2018年加速推进《国家量子行动法案》的制定。

该卫星的成功运行使我国率先构建了天地协同的量子通信网络,在量子通信实用化领域确立了国际领先优势。这一技术突破不仅大幅提升了国家信息安全保障能力,也为量子科学前沿研究提供了重要平台。而且,"墨子号"的研制经验为我国空间科学卫星的可持续发展奠定了坚实基础,对提升整体科技实力具有深远影响。

案例分析

在当代科技创新大潮中,我国自主研发的"墨子号"量子通信卫星不仅代表着重大技术突破,更是新时代创新理念的生动实践。自2016年成功发射以来,该卫星项目通过自主攻关、前瞻布局、协同创新和实践应用,构建了完整的科技创新链条,充分彰显了从基础研究到成果转化的系统性创新路径。

"墨子号"的诞生是中国科技自主创新的典范。坚持走中国特色自主创新道路,这是由科技创新的本质决定的[①]。作为全球首颗量子科学实验卫星,其研发过程突破了多项国际技术空白。量子卫星需在千公里高空实现"针尖对麦芒"的星地光路对准,精度

---

① 殷杰,郭贵春.自然辩证法概论(修订版)[M].北京:高等教育出版社,2020:331.

需达到3.5微弧度（约0.0002度），这一技术难题通过自主研发的高精度捕获跟踪系统得以解决。此外，量子卫星还攻克了星载量子纠缠源、天地偏振态调控等核心技术，形成了六大创新点，包括近衍射极限天基量子光发射技术和天地亚纳秒级时间同步技术等。这一过程体现了中国科研团队从"跟跑"到"领跑"的转变。潘建伟院士曾指出，量子信息领域是"全新学科"，必须摆脱"模仿者"角色，成为"开拓者"。从2003年提出构想到2016年发射成功，团队历经13年攻关，在青海湖、八达岭等地完成极端环境下的实验验证，最终实现技术突破。这种"从0到1"的原始创新，标志着中国在量子通信领域的全球引领地位。

"墨子号"进一步激发了全球关于空间量子实验的竞赛[①]。在科学实验阶段，中国与奥地利合作完成了北京—维也纳的洲际量子密钥分发，首次验证了全球化量子通信的可行性。这种国际合作不仅加速了技术验证，更推动了国际标准的制定。美国《科学》杂志指出，"墨子号"促使美国在2018年通过《国家量子行动法案》。同时，中国还主动分享科研成果，通过《自然》《科学》等顶级期刊向全球公开实验数据，吸引国际学术界参与讨论。这种以开放促创新的策略，既提升了中国科技的全球影响力，也推动了量子物理研究的整体进步。

"墨子号"的研发历程彰显了科学家不畏艰险、追求真理的精神。潘建伟院士团队在青海湖海心岛搭建临时实验室，每月仅靠一次补给维持生存，最终完成百公里量子纠缠分发实验。这种艰苦实践，弘扬了潜心研究的奉献精神。更为重要的是，"墨子号"并未因完成预定任务止步。其设计寿命为两年，但截至2024年已超期服役四年，期间完成了国际首次基于纠缠的千公里级量子密钥分发，并计划构建覆盖全球的"量子星座"。这种持续迭代的创新精神，打破了"任务完成即终点"的传统模式，将科研探索推向纵深。

前瞻性的战略规划是科技创新的重要保障。"墨子号"的发射标志着我国"天地一体化"量子通信网络建设的开端。2017年建

---

① 常河."墨子号"何以激起空间量子科学热潮[N].光明日报,2022-07-18(008).

成的"京沪干线"地面光纤网络与卫星系统形成有效互补；2022年首颗低轨量子微纳卫星成功入轨，预计2026年将发射中高轨卫星，最终构建由30多颗卫星组成的完整量子通信星座系统。这一布局体现了技术研发、应用验证到产业落地的完整链条。如今，上海已建成支持百万用户的商用量子密钥分发网络，中国电信计划在15个城市部署量子城域网，充分展现了科技服务国家战略的前瞻性。

"墨子号"的成果不仅停留于科学层面，更转化为实际生产力。在国防领域，其技术可为南海诸岛、远洋舰艇提供高安全通信保障；在民生领域，量子加密技术已应用于金融、政务等场景，为信息安全构筑"护城河"。潘建伟曾预言，量子通信将像手机一样走入寻常百姓家。量子技术的溢出效应也正在显现。高精度时间同步技术或重新定义"秒"的计量标准，星地纠缠实验可能为量子引力理论提供验证途径。这种以点带面的创新辐射，体现了科技对经济社会发展的多维驱动。

"墨子号"的实践表明，科技创新是自主性与开放性的统一、是科学精神与战略布局的结合、是技术突破与民生需求的联动。它不仅是技术革命的里程碑，更是中国从"追赶者"到"引领者"的转型标志。未来，随着"量子星座"的建成，中国将在全球科技治理中扮演更关键角色，为人类探索未知贡献更多中国智慧。

参考文献

[1]郭晓丹."墨子号"让中国引领量子时代[J].中学物理教学参考,2016,45(17):72.

[2]常河."墨子号"何以激起空间量子科学热潮[N].光明日报,2022-07-18(008).

拓展阅读

[1]吴长锋."墨子号"首次实现白天远距离量子密钥分发[N].科技日报,2017-7-26(001).

[2]李大庆."墨子号"圆满实现三大既定科学目标[N].科技日报,2017-8-10(001).

[3]印娟,董雪,等.星耀中国:我们的量子科学卫星[M].北京:人民邮电出版社,2023.

杭州六小龙
——从"政策土壤"到"产业森林"的生长样本

摘要：在科技浪潮冲击下，人工智能企业深度求索（DeepSeek）引发全球瞩目，杭州六家前沿科技企业——游戏科学公司、强脑科技公司、群核科技公司、宇树科技公司、云深处科技公司及深度求索公司走入大众视野，被称为"杭州六小龙"。杭州从"电商之都"蜕变为"科技新城"，得益于杭州良好的营商环境和有力的政策扶持，其创新突破见证杭州打造科创中心进程，展现中国科技发展潜力与能力。

关键词：杭州六小龙；科技创新；政策土壤

> **案例描述**

在科技浪潮的冲击下，人工智能企业深度求索（DeepSeek）公司以突破性的技术成果引发全球瞩目。以此为契机，杭州六家前沿科技企业也逐渐走入大众视野，它们凭借在各自领域的创新实力，成为杭州科技创新的新名片。其中，游戏科学公司凭借《黑神话：悟空》这款国产3A游戏的惊艳亮相，打破了国内游戏行业长期以来的发展格局，让世界看到了中国游戏开发的硬核实力；强脑科技公司专注于脑机接口领域，不断探索人脑与机器交互的新边界，致力于将科幻设想转化为现实应用；群核科技公司深耕空间智能领域，利用数字技术重塑空间设计与家居产业的发展模式；而宇树科技公司和云深处科技公司则在机器人领域开疆拓土，从四足机器人到仿生机器狗，不断突破技术瓶颈，让中国机器人技术在全球舞台上占据一席之地。这六家企业并称为"杭州六小龙"。

面对"杭州六小龙"的崛起，人们不禁追问：杭州如何从"电商之都"蜕变为当下炙手可热的"科技新城"？这座曾经以阿里巴巴等电商巨头闻名于世的城市，如今在人工智能、游戏开发、脑机接口等前沿科技领域同样大放异彩，其背后必然有着独特的发展逻辑和成功经验。

杭州的蜕变并非偶然，而是与当地政策扶持与营商环境息息相关。早在2014年杭州就推出《关于加快发展信息经济的若干意见》，大力推进信息经济、智慧应用为主要内容的"一号工程"，旨在大力发展新技术、新产业、新业态。2017年在全国率先提出"机器人+"政策，积极推动机器人产业化，为科技创新发展奠定了基础。在这样的环境下，一批由年轻科技人才创办的科技企业逐渐崛起。2024—2025年，这些企业凭借一系列技术成果和产品发布受到广泛关注，"杭州六小龙"的概念才随之诞生。人才是科技发展必不可少的基础，杭州市政府深谙其道并对于人才极其重视，出台了诸多相关利好政策以吸引相关人才来杭工作。在人才补贴政策上，来杭应届博士可获10万元生活补贴，余杭区高层次人才购房补贴最高达800万元，租房补贴覆盖从青年到顶尖人才的全周期。同时，浙江推出海外高层次人才引才计划，在购房补贴、子女就学、配偶工作等方面提供奖励配套措施，降低企业引才成本。①

杭州政府的保姆式级别服务，为这座城市增添了无限的人文关怀和吸引力，2016年浙江省就提出让人民群众"最多跑一次"的服务理念，对待企业不仅有"有求必应，无事不扰"的营商环境，更有"包容十年不鸣，静待一鸣惊人"的创新耐心，这在当下整个浮躁的社会和科研氛围中都是难能可贵的。同时还发布包括扩大有效投资政策，提出打造国际会展之都、支持数字贸易发展、吸引和利用高质量外资等政策在内的"推动经济高质量发展76条政策"，为企业发展提供政策支持。创新"平台+基金"的招商方式，实现"以投带引、招投联动"。如杭实集团与萧山区、滨江区联合组建的"中国视谷"产业基金规模达30亿元，已招引多个龙头企业落地，带动大量投资。②

在新一轮科技革命与产业变革浪潮奔涌的数字化转型时代，人工智能、机器人等前沿技术正重塑全球经济版图与社会发展形态。从智能制造催生工业4.0升级，到AI大模型引发生产力变革，这些技术已成为各国抢占科技制高点的核心竞争力。杭州六小龙正是这场技术革命中的弄潮儿，它们的创新突破见证了杭州紧抓机遇打造具有全球影响力的科创中心的进程。这些企业的创新突破，不仅是对技术边界的大胆探索，也见证了杭州紧抓历史机遇从"电商之都"向"全球科创中心"的华丽转身，更为中国在全球科技竞争中赢得了一席之地，展现了中国在新兴科技领域的发展潜力和创新能力。

案例分析

杭州六小龙的崛起是中国新质生产力发展的一个典型缩影。游

---

① 黎康.新加坡媒体记者探寻"杭州六小龙"成功的秘密[EB/OL].(2025-02-24)[2025-04-16].环球网.https://oversea.huanqiu.com/article/4LbqqTet7jQ.
② 赵芳洲.激活招商引资"源头活水"[N].杭州日报,2024-04-01(A02).

戏科学、深度求索、宇树科技等六家科技企业的快速成长，不仅展现了杭州在科技创新领域的实力，更揭示了人才政策在推动新质生产力发展中的关键作用。通过分析杭州人才政策的实践可以发现，其成功在于构建了一套适应新质生产力发展需求的人才工作体系，实现了从传统人才管理向创新生态培育的转变。

在新质生产力发展背景下，杭州首先突破了传统人才观念的局限。科技人才应当从多维度、多层次加以理解[1]，不能仅限于科学家和工程师。杭州的政策实践充分体现了这一理念，以宇树科技公司为例，其团队既包括机器人领域的研发专家，也有来自生产一线的技术工人。杭州通过"人才生态37条"政策，为不同层次人才提供差异化支持，比如给予A类人才最高800万元购房补贴，同时为应届本科毕业生提供1万元生活补贴。[2] 这种全覆盖的政策设计，确保了从高端研发人才到技能型劳动者都能在杭州找到发展空间，为新质生产力的培育提供了多元化人才支撑。在人才培养上，深度求索公司的发展历程尤其具有说服力，这家AI企业不仅拥有算法科学家团队，还培养了大量数据标注员，形成了完整的人才梯队。杭州通过建立产学研协同平台，促进高校与企业的人才流动，使人才培养更贴近新质生产力的实际需求。

将"人才是第一资源"[3]的理念落到实处，是杭州推动新质生产力发展的核心举措。"人才是创新的核心要素，创新驱动实质上是人才驱动。"[4] 杭州通过制度创新将这一理念转化为实践：一方面提供具有竞争力的物质激励，对高层次人才给予高额补贴；另一方面营造尊重创新的社会环境，强脑科技公司不看学历、年纪只看技术的用人原则就是典型例证[5]。更关键的是，杭州注重解决人才的后顾之忧，通过人才公寓、子女入学优先等配套服务，让

---

[1] 殷杰,郭贵春.自然辩证法概论(修订版)[M].北京:高等教育出版社,2020:338.
[2] 中关村人才协会.从"杭州六小龙"破局看地方人才工作新作为[EB/OL].(2025-02-24)[2025-04-16].福建省图书馆.https://www.fjlib.net/zt/fjstsgjcxx/gddt/202502/t20250224_477595.htm.
[3] 习近平.在庆祝改革开放40周年大会上的讲话[N].人民日报,2018-12-19(002).
[4] 殷杰,郭贵春.自然辩证法概论(修订版)[M].北京:高等教育出版社,2020:341.
[5] 贾天羽,陶宁遥.解读"杭州六小龙"背后的人才密码[EB/OL].(2025-03-24).[2025-04-16].今日头条.https://www.toutiao.com/article/7485177808474554943/.

创新人才能够心无旁骛地投入工作。云深处科技公司渠道总监程宇行提到的保姆式服务①，即政府帮助企业对接资源，定期整合各方业务需求发给企业，生动体现了杭州政府对人才的全方位支持。这种将人才视为战略资源而非简单劳动力的理念，为新质生产力的持续发展提供了强大动力。数据显示，2023年杭州机器人工业产值达150亿元②，人工智能城市排名全国第二，这些成就正是人才驱动创新的结果。

在人才集聚方面，杭州的创新举措为新质生产力发展注入了活力。"以识才的慧眼……聚才的良方"③ 集聚创新人才，杭州的实践超越了简单的抢人大战。杭州通过"亲清在线"平台实现政策精准匹配，为不同类型企业提供定制化支持。这种创新做法使杭州形成了强大的人才磁场，截至2024年集聚了200多家机器人相关企业④。这种基于产业需求的精准引才策略，确保了人才供给与新质生产力发展的高度契合。

营造优良的创新环境是杭州人才政策的最大亮点。"创新之道，唯在得人"⑤，良好的环境是"得人"的基础。杭州在这方面形成了独特优势：一是建立宽容失败的创新文化，游戏科学公司开发《黑神话：悟空》历时多年，期间获得政府持续支持；二是创新人才评价机制，试点将年薪、成果转化等市场化指标纳入评价体系。不仅如此，杭州还充分发挥民营经济优势，阿里巴巴、网易等科技巨头与初创企业形成良性互动，这种大企业带动小企业的生态模式，为人才提供了丰富的实践场景和发展空间。

杭州的实践对地方人才工作具有重要启示。首先，政策设计要突出差异化，避免同质化竞争。杭州聚焦数字经济的经验表明，只有立足本地产业特色，才能形成比较优势。其次，要充分发挥

---

① 黎康.新加坡媒体记者探寻"杭州六小龙"成功的秘密[EB/OL].(2025-02-24)[2025-04-16].环球网.https://oversea.huanqiu.com/article/4LbqqTet7jQ.
② 同①.
③ 习近平.决胜全面建成小康社会夺取新时代中国特色社会主义伟大胜利——在中国共产党第十九次全国代表大会上的报告[N].人民日报,2017-10-28(001).
④ 同①.
⑤ 习近平.在中国科学院第十九次院士大会、中国工程院第十四次院士大会上的讲话[N].人民日报,2018-5-29(002).

市场主体作用，杭州民营经济的活力说明，企业才是最懂人才需求的主体。再次，要建立动态调整机制，杭州通过企业走访持续优化政策的做法值得借鉴。最后，要注重生态体系建设，单靠优惠政策难以持续，必须打造包括教育、医疗、文化等在内的综合优势。

杭州六小龙的崛起深刻表明，在新质生产力发展时代，人才工作必须实现系统性变革。未来，各地应当进一步深化体制机制创新，推动人才工作从政策红利向生态红利转变，真正释放人才的创新潜能，为发展新质生产力、实现高质量发展提供坚实支撑。

参考文献

[1]习近平.在庆祝改革开放40周年大会上的讲话[N].人民日报,2018-12-19(002).

[2]习近平.在中国科学院第十九次院士大会、中国工程院第十四次院士大会上的讲话[N].人民日报,2018-5-29(002).

[3]习近平.决胜全面建成小康社会夺取新时代中国特色社会主义伟大胜利——在中国共产党第十九次全国代表大会上的报告[N].人民日报,2017-10-28(001).

[4]中关村人才协会.从"杭州六小龙"破局看地方人才工作新作为[EB/OL].(2025-02-24)[2025-04-16].福建省图书馆.https://www.fjlib.net/zt/fjstsgjcxx/gddt/202502/t20250224_477595.htm.

[5]贾天羽,陶宁遥.解读"杭州六小龙"背后的人才密码[EB/OL].(2025-03-24)[2025-04-16].今日头条.https://www.toutiao.com/article/7485177808474554943/.

[6]黎康.新加坡媒体记者探寻"杭州六小龙"成功的秘密[EB/OL].(2025-02-24)[2025-04-16].环球网.https://oversea.huanqiu.com/article/4LbqqTet7jQ.

[7]王鹏.创新发展视角下"杭州六小龙"的深度剖析[EB/OL].(2025-02-14)[2025-04-16].中国日报网.https://column.chinadaily.com.cn/a/202502/14/WS67aefbc7a310ff9bbd9f32ff.html.

[8]赵芳洲.激活招商引资"源头活水"[N].杭州日报,2024-04-01(A02).

拓展阅读

[1]洪恒飞,江耘."六小龙"出圈!杭州"软实力"撑起硬发展[N].科技日报,2025-2-20(007).

[2]罗京.破解"杭州六小龙"腾飞密码[N].中国证券报,2025-2-25(A06).

"一带一路"科技带
——新丝路的认知桥梁

摘要："一带一路"是创新之路，是合作之路。"一带一路"国际科技合作是把中国与沿线国家和地区的发展相结合，把民族复兴愿景与国际社会共同诉求相结合，使千年商道焕发新的生机与活力的伟大壮举。合作立足于沿线国家发展实际，构建了全方位、多层次、广领域的合作格局，注重将科技创新成果转化为实际生产力，全面体现了新发展理念，推动了共建国家的经济和科技发展，培养了大量科技人才，促进了伙伴国家的民生改善和生态保护，为构建人类命运共同体奠定了坚实的科技基础。

关键词："一带一路"；科技合作；科技创新

"一带一路"科技带——新丝路的认知桥梁

案例描述

"一带一路"是绿色发展之路，也是创新发展之路，"一带一路"倡议需要依托创新动能推进深化建设。随着倡议实施进入新阶段，科技创新对国际合作的战略价值日益凸显，其推动的国际合作成果已使多国民众受益。

2016年9月，国家四部委联合发布《"一带一路"科技创新合作专项规划》，构建起区域科技合作的系统性框架。在此框架指导下，科技部组织相关部门系统梳理出四大重点工程：科技人文交流、共建联合实验室、科技园区合作、技术转移。经整合完善后形成《科技创新行动计划》并提交国务院审议。2017年5月，"一带一路"国际合作高峰论坛正式提出打造创新共同体战略目标，国家主席习近平宣布全面实施科技创新行动计划，同步推进上述四大重点领域的跨国合作项目。

作为深化国际科技协作的重要平台，第三届"一带一路"国际协作峰会于2023年10月18日开幕。国家主席习近平出席开幕式，并发表了题为《建设开放包容、互联互通、共同发展的世界》的主旨演讲，在演讲中宣布了中国支持高质量共建"一带一路"的八项行动，为世界经济增长注入新动能，为国际经济合作打造新平台。习近平主席指出："十年的历程证明，共建'一带一路'站在了历史正确一边，符合时代进步的逻辑，走的是人间正道。"[1]

第三届"一带一路"国际协作峰会举行了三场高级别论坛，分别围绕深化互联互通、共建绿色丝路、发展数字经济展开研讨。同时，还举办了六场专题论坛，就贸易畅通、海洋合作等议题进行深入探讨。此次论坛成果斐然，共形成了458项成果，其中包含各方发起的一系列国际合作倡议等。习近平主席宣布的八项行动，内容涵盖构建立体互联互通网络、支持建设开放型世界经济、开展务实合作、促进绿色发展、推动科技创新、支持民间交往、建

---

[1] 习近平出席第三届"一带一路"国际合作高峰论坛开幕式并发表主旨演讲[EB/OL].(2025-02-26)[2025-03-18].中国政府网.https://www.gov.cn/yaowen/liebiao/202310/content_6909921.htm.

设廉洁之路以及完善国际合作机制等多个方面。来自150多个国家的代表参加了此次论坛，众多外国国家元首、政府首脑和国际组织负责人等国际贵宾也纷纷出席，大家共同为推动共建"一带一路"建设迈向高质量发展的新阶段，为推动全球经济增长贡献力量。

创新是推动发展的重要力量，"一带一路"科技创新合作是高起点、高水平的科技合作，推动国际科研能级跃升需着力构建协同创新载体，打造梯度化科技协作体系。应引导产学研多元主体与共建国协同创建跨机构科研中心，持续强化政府间战略性实验室建设；针对各国发展差异显著的现状，需聚焦跨国技术供需对接，通过搭建联合科研平台、智慧园区联建、人才共育计划等路径，研制适配区域特征的核心技术体系，加速技术产业化应用进程。同步推进数字化转型战略，构筑智能化的数字丝绸之路。深化数字基建、智能科技、纳米工程、量子计算等新兴领域协同创新，加速云数据、智能城市集群等新型基建互联，构筑智能化的现代数字通途。

今天，我们正以中国式现代化推进中华民族伟大复兴，中国始终将自己的命运同世界各国的命运联系在一起，努力将中国式现代化的伟大成就为世界的发展提供新的机遇。"一带一路"国际科技合作既是中国高水平推进对外开放的重要举措，更是推动各国走向现代化的中国方案。这是一条将中国与沿线国家和地区的发展相结合的丝绸之路，这也是一条把民族复兴愿景与国际社会共同诉求相结合的丝绸之路。

案例分析

科技创新作为驱动经济增长的核心引擎，科技创新合作正深度融入"一带一路"高质量发展进程，构成区域协同创新的战略支柱。在"一带一路"的合作框架下中国与共建国家已建成50余个跨国联合科研平台，形成创新要素跨境流动的实体载体。这些实验室聚焦前沿科学问题和关键技术难题，开展联合研究与创新，为解决全球性问题提供新的思路和方法。合作注重将科技创新成果转化为实际生产力,推动共建国家产业升级。我国企业在非洲部署的无线通信网络覆盖超九亿人口,通过响应共建国家的数字转型诉求,有效激活了当地的数字产业、通信产业等新兴经济形态。如上合组织农业技术交流培训基地在哈萨克斯坦实施的种质资源创新工程,通过建立现代化农业示范基地,帮助当地提升品种改良与栽培技术,实现区域农业现代化升级。

"一带一路"倡议连接了亚洲、欧洲、非洲等多个地区,有助于缩小不同区域之间的科技差距,促进区域协调发展。依托跨境技术协作体系,重点在东盟、非洲及拉美等区域布局九个跨国技术转移中心,通过组织技术要素匹配平台,构建知识资本流通网络,助力各国基于产业禀赋精准对接全球创新链,形成互利共赢的技术协同生态。科技合作涵盖了包括农业、能源、环境、健康等多个领域,推动了不同领域之间的协同发展。在应对气候变化问题上,能源领域的清洁能源技术研发与环境领域的生态保护技术相结合,为实现可持续发展提供综合解决方案;在公共卫生领域,中国与共建国家在医药健康方面的合作,提升了当地的医疗水平和卫生保障能力,同时也促进了相关产业的发展,实现了民生改善与经济发展的协调。

"一带一路"国际科技合作在生态环保领域积极开展合作项目。中国与共建国家在生物多样性保护、气候变化应对等方面进行科技交流与合作,共同应对全球性环境问题。中国持续为共建国家的生物多样性保护贡献中国智慧,与相关国家合作开展对当地珍稀物种的保护研究和生态系统修复技术研发。致力于推广绿色技术和清洁能源,推动共建国家实现绿色发展转型。在能源领域,中国与沿线国家在太阳能、风能、水能等清洁能源技术方面开展合作,帮助当地开发和利用清洁能源。如在一些中亚国家合作建设了太阳能发电站,促进了当地能源结构的优化和生态环境的保护。只有依靠绿色科技创新,发展绿色新质生产力,才能破解绿色发展难题,才能实现人与自然和谐发展。

"一带一路"科技合作坚持开放融通理念,打造全域性、立体化、宽维度的协同创新架构。我国已与80余个共建国签订科技协作政府协议,同50多个伙伴国建立知识产权协同机制,深度参与

20 余个国际科技治理平台，汇聚全球科研院所及创新企业资源，形成多边联动的协作生态。这种突破地理边界的协同模式，推动各国依托特色优势实现技术要素互通与创新红利共享。

人才培育是科技创新的核心动能，"一带一路"着力构建智力协同网络。通过国际杰青计划、外国青年人才计划等项目，累计支持共建国超 3000 名科技精英开展创新实践，系统化培育计划更储备逾万名专业骨干。跨境智力流动催生跨文化知识融汇效应，为区域科技创新注入持续发展势能。为深化智力协同网络建设，"数字丝路"国际科学计划计划应运而生，聚焦人工智能、清洁能源等前沿领域，在马来西亚、阿联酋等 15 国设立数字创新工作坊，累计培养 800 余名数字化转型专家。中巴经济走廊科技创新联合体实施的"智慧农业人才工程"，已为巴基斯坦培训 2400 名农业大数据分析师，成功转化 37 项节水灌溉专利技术。这种"技术赋能+人才本土化"的培养模式，为发展数字丝绸之路培养了大量人才。

"一带一路"国际科技合作坚持"科学无国界、惠及全人类"的理念，推动科技成果在共建国家之间共享。各国共同参与科研项目，共享研究数据和成果，让科技发展的红利惠及更多国家和人民，推动民生福祉共享，让科技成果更好地服务于人民。"一带一路"国际科技合作全面体现了创新是第一动力的新发展理念，推动了共建国家之间的科技交流与合作，促进了经济发展、民生改善和生态保护，为构建人类命运共同体奠定了坚实的科技基础。在未来的发展中，要深入践行国际科技合作倡议，拓宽政府和民间交流合作渠道，发挥共建"一带一路"等平台作用[①]，为全球发展贡献更多的智慧和力量。

参考文献

[1] 中华人民共和国科学技术部. 中国科技发展 70 年[M]. 北京:科学技术文献出版社, 2019.

---

① 本报评论员. 在开放合作中实现自立自强[N]. 人民日报, 2024-07-01(002).

[2]本报评论员.在开放合作中实现自立自强[N].人民日报,2024-07-01(002).

[3]习近平出席第三届"一带一路"国际合作高峰论坛开幕式并发表主旨演讲[EB/OL].(2025-02-26)[2025-03-18].中国政府网.https://www.gov.cn/yaowen/liebiao/202310/content_6909921.htm.

拓展阅读

[1]蔡达.加强"一带一路"科技创新合作:重要意义与展望[J].兰州大学学报(社会科学版),2024,52(04):19-28.

[2]王晶,张爽.中国国际科技合作平台建设路径与机制创新[J].科学管理研究,2020,38(06):171-176.

后　记

合上这部书稿，心中满是感慨与敬畏。从最初萌发将科技理性与人文关怀置于自然辩证法框架下进行系统探讨的念头，到如今成书付梓，这段创作历程恰似一场跨越学科与时空的漫长跋涉。在这个过程中，我深刻体会到，自然辩证法不仅是一种理论工具，更是理解当代世界复杂矛盾的思维密钥。

在案例收集与分析过程中，每一次对人工智能伦理争议的探讨、对基因编辑技术边界的思索，都让我愈发意识到科技与人文交融的紧迫性与必要性。科技如同飞驰的列车，为人类社会带来前所未有的速度与效率；人文则是轨道旁的信号灯，时刻提醒我们前行的方向与目的。自然辩证法的智慧，恰在于揭示二者并非对立的两极，而是在辩证互动中共同推动文明的螺旋式上升。这个认知，也成为贯穿全书的核心线索。

本书由我负责整体框架设计与核心部分编写，参与人有陈炜健、邹娟、吴倩、周宇，他们以饱满的热情、严谨的态度和真诚的付出，参与了资料搜集、案例编写、文稿校对等繁复细致的工作，为本书的顺利完成贡献了宝贵的力量。这部编著的完成，也离不开诸多师长、同仁的支持，感谢参与本书案例研讨的师长和同仁，他们严谨的治学态度与开阔的学术视野始终是我不断前行的标杆，他们的真知灼见为本书注入了思想深度。感谢当代世界出版社领导和本书责任编辑，他们的专业与耐心让拙著得以更好地呈现。同时，我也要向家人致以最深的歉意与谢意，是他们默默承担了生活的琐碎,给予我静心创作的空间与力量。

  科技发展永不停歇,人文思考亦无止境。希望这本书能成为一颗思想的火种,激发更多人对科技与人文关系的关注与讨论。无论是科技工作者、人文研究者,还是关心社会进步的普通读者,若能在书中找到新的视角与启发,于我而言便是最大的欣慰。愿我们都能秉持自然辩证法的智慧,在科技与人文的交响中共同谱写人类文明更美好的乐章。

张　　毅